JN228719

不思議だらけ カブトムシ図鑑

小島渉 著／じゅえき太郎 絵

彩図社

プロローグ――身近だが謎が多いカブトムシ――

カブトムシは日本を代表する昆虫だ。子どものころ、夏になると早起きしてカブトムシを採りに雑木林へ行ったことのある人も多いだろう。

また、卵から孵化した幼虫を成虫になるまで育てたという経験のある人もいるだろう。オスの成虫の巨大な黒い体とその洗練されたフォルムから、カブトムシはまさに昆虫の王として、長い間子どもから大人まで多くの人を虜にし続けている。

カブトムシは人が作り出す里山のような環境をうまく使いながら繁栄してきた。人が生活している場所にはカブトムシもやってくる。そのため、カブトムシはおそらく古くから人目に触れる機会が多く、身近な存在だったと思われる。

江戸時代後期（１８００年ごろ）から、いくつもの書物にカブトムシは登場するようになる。サイカチというマメ科植物の樹液に集まるという理由から（サイカチの枝のトゲにカブトムシの角が似ているから、という説もある）、当時、カブトムシは「さいかち」という名前で呼ばれていた。幼虫を育てたり、オスに小さな車を引かせたりと、今と同じように子どもたちの遊び相手となっていたことが、当時の史料からうかがえる。

今ではホームセンターやペットショップ、あるいはオンラインショップやネットオークションでも気軽に商品として買うことができるが、カブトムシの販売が本格化したのは１９６６年に上野の松坂屋の屋上で売り出されたことがきっかけである。それ以降、デパートの屋上でカブトムシを売ることが習慣化したそうだ。

カブトムシに対する根強い人気はその後も衰えることなく続いている。１９９９年に植物防疫法（ぼうえき）の規制緩和によって、アトラスオオカブトやコーカサスオオカブトのような外国産のさまざまな種類のカブトムシも盛んに流通するようになった。飼育ケース、昆虫ゼリーや昆虫マットはもちろん、止まり木やプロテイン入りゼリーなども販売されるようになり、カブトムシの飼育に必要な商品の、過剰とも思えるほどの充実ぶりには目を見張るものがある。インターネット上にはカブトムシの飼育に関する情報があふれており、１㎜でも大きな成虫に育てるための数々のノウハウが蓄積されている。

カブトムシの美しいフォルムはアクセサリーなどの装飾品のデザインとして用いられることも多い。２０００年代に入ってからは、ずばり「カブトムシ」というタイトルの

Ｊ－ＰＯＰがヒットし、さらに最近では〝カブトムシタレント〟まで現れ、根強い支持を得ているようだ。

このように、日本ではカブトムシはもはや文化の一部として取り込まれているといっても過言ではないが、海外、特に欧米での知名度は実に低い。驚くべきことに、昆虫の研究者でさえカブトムシを知らないということも少なくない。筆者もそのことに気づいて以来、カブトムシの研究発表を国際学会や国際論文誌上で行う際は、日本人のよく知っているような情報（オスにしか角がない、角を使ってけんかをする、など）も丁寧に説明するように心がけるようになった。

確かに海外には、日本のカブトムシに比べ長い角を持っていたり、何倍も大きな体を持っていたりする種類も存在している。しかし、そのような種の多くは東南アジアや中南米に分布しており、その生息地もアクセスの難しい山の中である場合が多い。北米にはシロカブトという大型のカブトムシが生息しているものの、分布は局地的であり、日本のカブトムシのように都会の公園で見られるということはない。

それのみか、そもそも欧米ではそれほど昆虫に興味がない人が多いという話も耳にする。カブトムシやクワガタムシなどをペットとして家庭で飼育するという感性が欧米ではなかなか理解されにくいようだ。

さて、少なくとも日本人にとって大変なじみの深いカブトムシだが、研究についてはほとんど進んでいない。野外での生態についても不明な点が数多く残されているが、これにはいくつかの理由があると考えられる。

まず、生態学の先進国である欧米では、先に述べたようにカブトムシが身近に生息していないため、研究対象とならなかった可能性が高い。

一方、カブトムシの本場である日本では基礎研究より応用的な研究が重んじられる傾向が根強く、害虫とはいえないカブトムシの研究は趣味性が高いとみなされ、軽視されてきたかもしれない。これらを裏付けるように、野外での生態を本格的に研究した最初の学術論文は日本人の手によるものではない。日本へ留学していたイギリス人研究者が真っ先にこの素晴らしい材料に目をつけ、１９８７年にオスの闘争行動に関する論文を発表したのだ[1]。

その後、日本や北米の少数の研究者による多大な努力によって、カブトムシの生態が少しずつではあるが明らかになってきた。

たとえば、従来、多くの図鑑に、昼間カブトムシは土の中で休んでいると書かれてきたが、最近になってそれは誤りであることが分かった。発信機を付けたカブトムシを追跡すると樹上（じゅじょう）の葉の茂みの中に潜（ひそ）んでいることが分かったのである[2]。また、筆者らの研究によって、蛹（さなぎ）が振動することで、幼虫に対して「近寄るな」という信号を送っていることも明らかとなった[3]。

本書では、それらの研究の詳細や、筆者らが明らかにしてきた最新の研究成果を紹介しながら、カブトムシがいかに魅力的で不思議な昆虫であるかをお伝えしたい。

不思議だらけカブトムシ図鑑　もくじ

プロローグ……2

第1章 カブトムシの基礎知識

01【そもそもカブトムシとは?】日本のカブトムシは身近だけど特異な存在……16
02【カブトムシの食性を知る】種類によってこんなに違う カブトムシの好みと食べ方……21
03【日本に暮らすカブトムシたち】日本には何種類のカブトムシがいる?……25
04【カブトムシの分布を探る】カブトムシがいる場所 いない場所……30

05 【カブトムシのすみか】人間がつくった里山はカブトムシの楽園 …… 36

06 【カブトムシが栄えた理由】人の繁栄がカブトムシを繁栄させた …… 42

07 【カブトムシの一生】カブトムシはいかに生きるのか？ …… 47

08 【カブトムシの生活リズム】カブトムシは完全な夜型生活者 …… 54

09 【カブトムシの天敵】カブトムシの生存を脅かす存在とは？ …… 59

コラム① こんなに多いカブトムシの仲間たち …… 68

第2章　オスはなぜ角を持つ？

10 【カブトムシの角の基本】カブトムシのオスが大きな角を持つのはなぜ？……74

11 【角の大型化はなぜ起きた？】角から読み解くカブトムシの急速な進化……80

12 【角の役割を探る】カブトムシの角は本当に武器？……86

13 【大きな角ができるまで】角は低コストでつくられる？　角生産に関する謎……92

14 【小さなカブトムシの生き方】小型カブトムシの生き残り戦略……98

コラム② 昆虫のオスの武器はどのような条件で進化するのか？……106

第3章 大きな成虫に育つための条件

15 【幼虫の成長スピード】カブトムシの幼虫の独特な成長パターン …… 112
16 【季節と成長の関係】大きな成虫になるための温度条件 …… 120
17 【遺伝か環境か】幼虫の成長に遺伝は関係する？ …… 125
18 【卵の大きさがばらつくのはなぜか】卵の大きさも成虫の大きさに関係している …… 128
19 【幼虫と親の関係】母親の体の大きさは幼虫の大きさに関係ある？ …… 133
コラム③ 飼育方法にまつわるあれこれ …… 138

第4章　集まる幼虫、回る蛹

20 【幼虫が集まるのはなぜ？①】
幼虫は互いに引き寄せ合って生きている …… 144

21 【幼虫が集まるのはなぜ？②】
幼虫は何に引き寄せられるのか？ …… 150

22 【幼虫から蛹へ】
幼虫が一斉に蛹になるのはどういう仕組み？ …… 159

23 【蛹の行動の謎】
蛹が回転するのはなぜか？ …… 168

24 【蛹の回転運動の意味】
幼虫が回転する蛹を避けるのはなぜ？ …… 175

コラム④ 昆虫の蛹の不思議な生態 …… 182

第5章　独自の進化を遂げた島のカブトムシ

25 島暮らしで変化した不思議な見た目のカブトムシ…… 188
【閉鎖環境でカブトムシはどう進化したか】

26 島のカブトムシが小型化するのはなぜ？…… 194
【小さくなることのメリット】

27 餌の少ない環境で生きる島カブトムシの工夫…… 200
【本土のカブトムシにはない特徴】

コラム⑤ カブトムシ発生のピークはいつ？…… 208

エピローグ…… 212

参考文献一覧・カブトムシを深く知るためのオススメ図書…… 218

イラスト　じゅえき太郎
写真　著者撮影

第1章

カブトムシの基礎知識

【そもそもカブトムシとは？】

01 日本のカブトムシは身近だけど特異な存在

▼角があるからカブトムシ、とは言えない

カブトムシと聞いてどんな昆虫を思い浮かべるだろうか？　日本のカブトムシだけでなく、ヘラクレスオオカブトやアトラスオオカブトのような海外のゴージャスな種類を思い浮かべる人もいるかもしれない。

いずれもオスが立派な角を持っているため、「大きな角を持った甲虫」というイメージを持つ人は少なくないだろう。しかし実際には、分類上、カブトムシを定義するのに、**角の有無はそこまで重要ではなかったりする**。

カブトムシの仲間には、皆さんご存じの通り、頭部と胸部(きょうぶ)にオスが角を持つ種が多く含

日本に生息するカブトムシ【トリュポクシルス・ディコトムス】

まれるが、実際には角を持たない種も少なくない。特に小型種の多くはオスが角を持っていないため、オスとメスを外見から区別することが難しいこともある。つまりオスが角を持っていることは、カブトムシに共通する絶対的な特徴とは言えないのだ。

実際、分類の研究者は、頭楯、触角、小楯板、大顎、前脚基節などの形態をカブトムシの仲間の目印として用いている。

▼クワガタムシは仲間ではない

では、分類上カブトムシはどのような昆虫に近いのか？　また、カブトムシのグループの中で日本のカブトムシはどのような位置づけなのだろう。

カブトムシは、広く言えばコガネムシの仲間（コガネムシ科）である。「科」の下位の分類単位を「亜科」というが、カブトムシは、コガネムシ科カブトムシ亜科に含まれる。大きさこそ違えど、コガネムシ科に含まれるアオドウガネなどはカブトムシのメスと体のつくりがよく似ているため、同じグループであることを納得してもらえるだろう。

一方で、**クワガタムシとカブトムシは親戚どうしだと思っている人が多いが、これは誤り**だ。確かに両者には、子どもたちの人気を集める「夏休みの昆虫」の代表格であり、オスが頭部に大きな武器を持っている、成虫が樹液に集まるなど、生態的・形態的な共通点が多い。しかし、クワガタムシのメスをよく見てもらうと分かると思うが、あまりコガネムシには似ていない。実際にはクワガタムシはコガネムシ科ではなく、クワガタムシ科に分類される。

「科」の上位の分類単位を「上科」という。コガネムシ科とクワガタムシ科のどちらもが「コガネムシ上科」には含まれるため、全く関わりがないわけではないが、**クワガタムシ科とコガネムシ科の祖先が分岐したのはジュラ紀中期ごろまでさかのぼる**。そして、コガネムシ上科の中を見渡せば、クワガタムシ（類）とカブトムシ（類）は格別に近い近縁関係を持つわけではない。加えて、クワガタムシのオスの武器は大顎である一方、カブトムシのオスの武

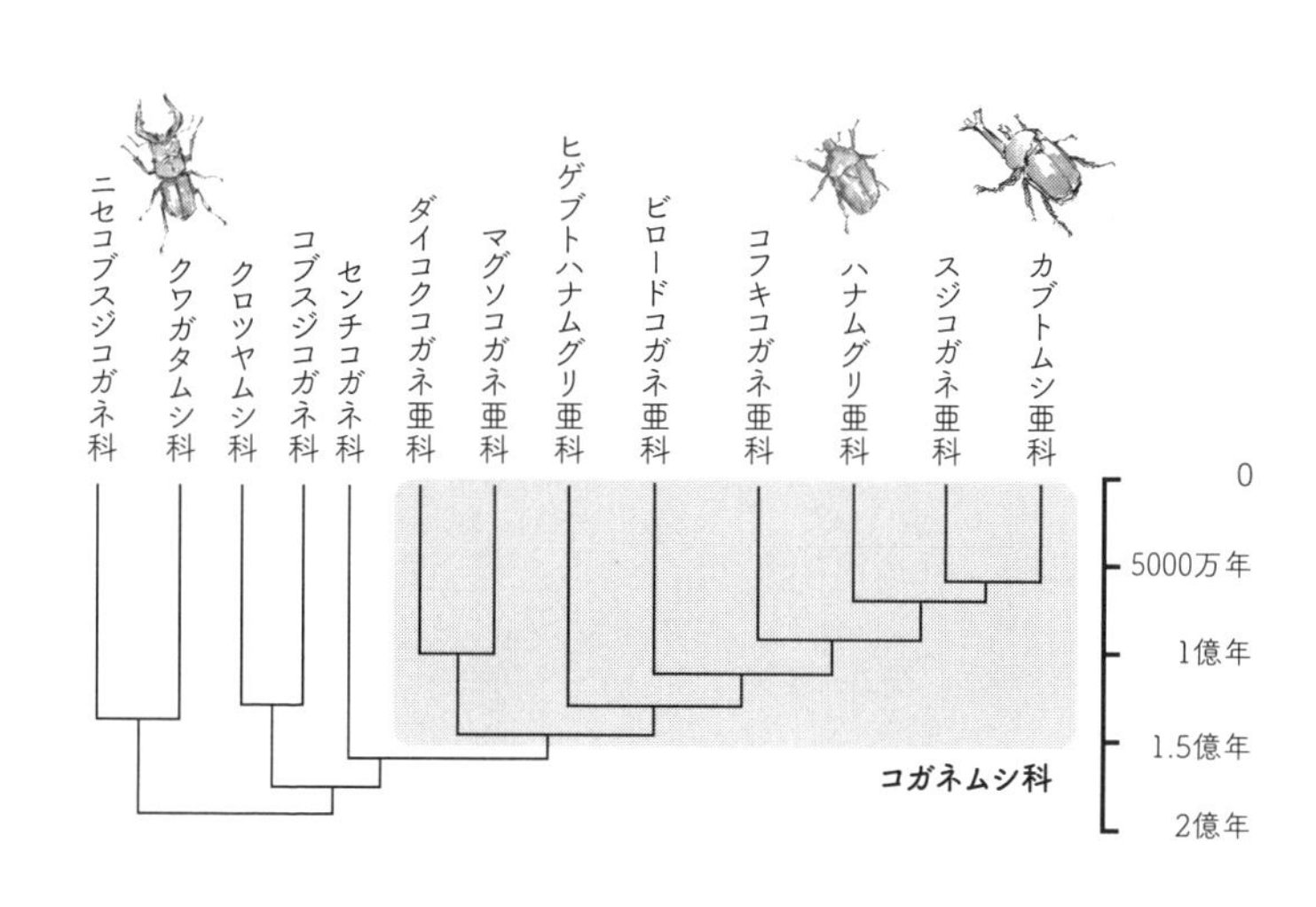

◎コガネムシ科を中心とした系統樹(1)

器である角は、頭部（および胸部）の皮膚が変形したものであるという違いもある。両者の武器の発生学的な由来は全く異なるのだ。

▼最も北に分布する角持ちカブトムシ

では、カブトムシ亜科とはどのようなグループなのだろうか。

カブトムシ亜科は世界から1500種ほどが知られている。熱帯と亜熱帯が分布の中心であり、とりわけ、中米や南米大陸には多くの種が生息している。世界で最も大きなカブトムシである、ヘラクレスオオカブトもこの地域に住んでいる。次いで東南アジアでも種数が多い。ペットショップで定番のコーカサスオオカブトは東南アジアを代表する種だ。

それ以外の地域に目を向けると、アフリカ大陸とオーストラリア大陸では、熱帯地域であってもカブトムシの大型種は少ない。また、ヨーロッパ、北米大陸などの温帯や寒帯の多くの地域では、少数の小型種のカブトムシが生息するだけである。

つまり、**日本に生息するカブトムシは、角のある大型のカブトムシとしては、世界で最も北に分布する種であり、特異な存在である。**日本のように大都市・その近郊に大型のカブトムシが普通に生息していることは、世界を見渡すと当たり前のことではないのだ。

02

【カブトムシの食性を知る】

種類によってこんなに違うカブトムシの好みと食べ方

▼出ている樹液を食べるか、樹液を出して食べるか

カブトムシ亜科の食性(しょくせい)には何か共通する特徴があるだろうか?

コガネムシ科は10以上の亜科を含み、それぞれの亜科で利用する食物は異なっているが、亜科(あか)の中では食性はある程度共通している。たとえばダイコクコガネ亜科は一般的に「糞(ふん)虫(ちゅう)」というありがたくない名前で呼ばれているグループだが、それはほとんどの種の成虫と幼虫が哺(ほ)乳(にゅう)類(るい)などの糞を食べるからだ。スジコガネ亜科の多くのように、幼虫は植物の根、成虫は植物の葉を食べるというケースもある。

カブトムシ亜科の場合も、食性は種によって異なるものの、やはりある程度共通した特

樹液をすするカブトムシ。好物はクヌギ

徴が存在する。幼虫は日本のカブトムシで見られるように、腐葉土などの腐蝕（ふしょく）した有機物を食べるものがほとんどである。幼虫は倒木や落ち葉の下、立ち枯れた木の中などに生息するものが多いが、アリノスコカブトのようにアリやシロアリの巣の中から見つかる種もある。

ただし例外も存在し、クロマルカブトの仲間の一部は、幼虫が生きた植物の根を食べる場合も多い。[2] そのため、北米では「キャロットビートル」と呼ばれ、農作物の害虫となっている。

日本のカブトムシを含む大型の種の成虫は木本（もくほん）類の樹液を食べるものが多い。たとえば**日本のカブトムシは、おもにクヌギの木にで**

ゾウカブトの食事イメージ図。樹皮を傷つけて樹液を染み出させる

きた傷から染み出る樹液を舐めとる。昆虫好きの方なら、よくご存じだろう。

ところがこのような性質は、カブトムシ亜科においてはどちらかというとあまり一般的ではないようで、**海外の大型のカブトムシは自身の口器で樹皮を傷つけて樹液を染み出させることが多い**。利用される植物の種も地域やカブトムシの種類によって多様である。

海外に目を向けると、南米のタテヅノカブトや東南アジアのゴホンヅノカブトのように、タケの若い枝を傷つけるという習性を持つ種も少なくない。亜熱帯や熱帯では、日本でクヌギがそうであるように、タケがクワガタムシやカブトムシの集まる重要な樹種の一つなのだ。

▼食に対してアクティブな小型カブトムシたち

カブトムシ亜科の小型の種はかなり多様な食性を持っている。大型の種と同様に、一般的には甘いものが好物であるが、植物本体にトンネルを掘って潜り込みながら樹液を食べる種もある。東南アジアに生息するサイカブトやヒメカブトの仲間は、サトウキビやヤシに潜り込み、枯らしてしまうことがあるため、重要な害虫として防除の対象となっている地域もある。ヘクソドンというマダガスカルに生息する小型のグループやコカブトの仲間は雑食のものが多く、樹液や果物だけでなく、他の昆虫の死骸を食べることもある。さらに、コガネカブトの仲間の一部は花に訪れることが知られている。他にも、成虫になってから何も食べないと考えられている種や、そもそも食性が不明な種も多く存在する。カブトムシ亜科という同じグループに属していても、**すべての種類が樹液などの甘いものを好むわけではない**のである。

03 日本には何種類のカブトムシがいる?

【日本に暮らすカブトムシたち】

▼沖縄限定のカブトムシたち

日本には何種類のカブトムシがいるか、というのは頻繁(ひんぱん)に尋ねられる質問の一つだ。「(カブトムシ亜科の昆虫は)2種か3種しかいません」と答えると、驚く人も多い。カブトムシの親戚(しんせき)と思われている(実際にはそうではないが)クワガタムシは、日本に数十種類が生息しているため、それと比べるとなおさら少なく感じる人もいるだろう。しかし、これはクワガタムシの方が繁栄(はんえい)しているということを意味しているわけではない。クワガタムシは「科」という単位を指すのに対し、カブトムシはその下位の分類群である「亜科」という単位で扱われる。そのため、両者の種数を単純に比較(ひかく)することはできないのである。

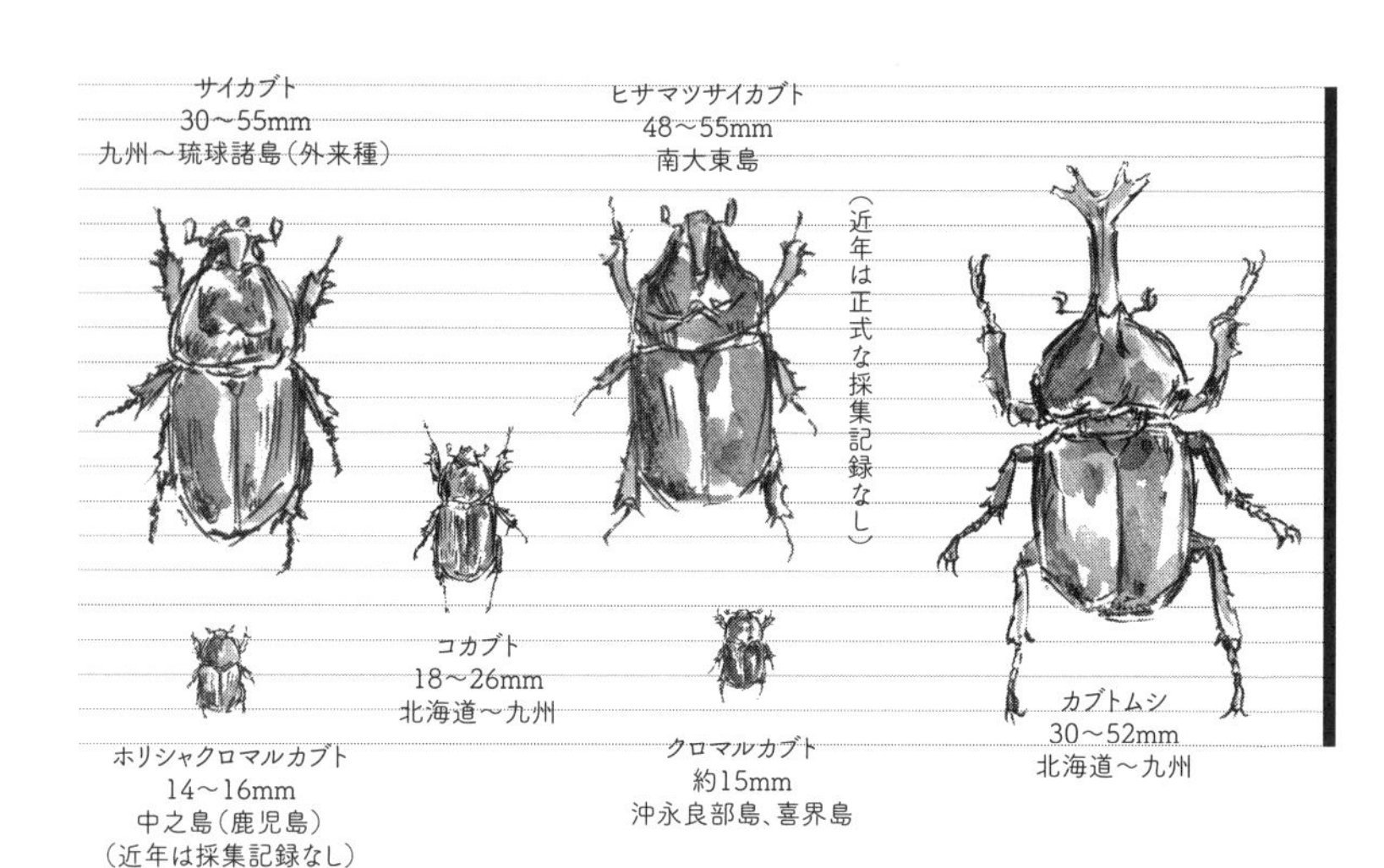

それでも、多くの図鑑には日本のカブトムシ亜科として6種が挙げられている。

それらのうちの一つ、**サイカブト**（別名タイワンカブト）は、東南アジアから移入された外来種である。琉球諸島ではかなり高密度で生息し、牛糞のたい肥の中で幼虫が育ち、成虫はサトウキビを食害する。近年北へと分布を拡大しており、九州本土にも上陸したという。約半年で卵から成虫まで成育し、次世代の子を産むことができるようになるので、年間を通して成虫が発生しており、真冬以外であればサトウキビ畑の周りの街灯に飛来する姿を簡単に見ることができる。オスだけでなくメスも小さい角を持つため、小型のオスはメスと見分けがつきにくい。

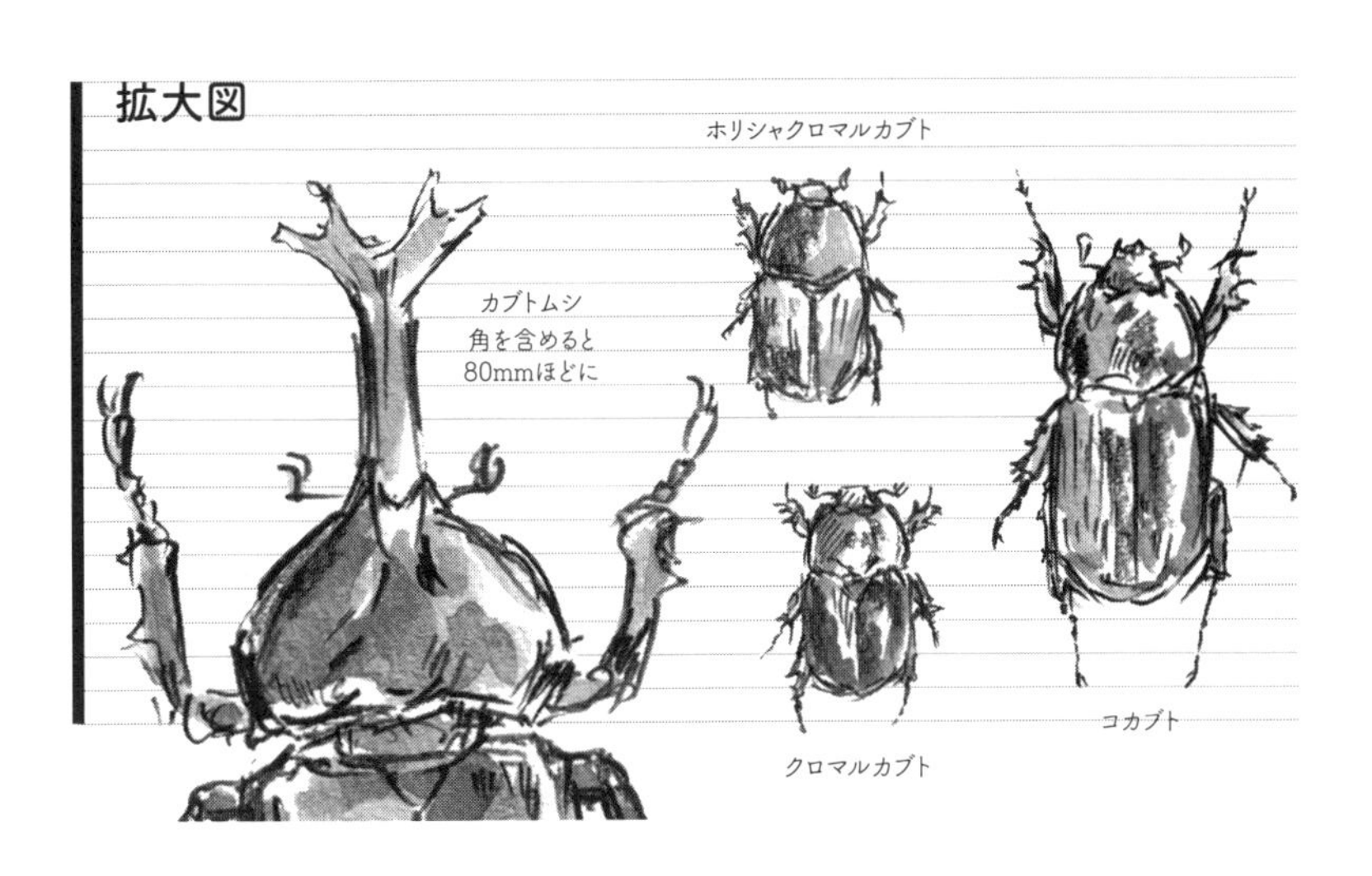

なお、サイカブトに近縁な種として**ヒサマツサイカブト**が沖縄県の南大東島に生息しているが、正式な採集記録は近年ほとんどなく、「幻のカブトムシ」といってよいだろう。日本産カブトムシ亜科のうち唯一の日本特産種であり、サイカブトよりも大型で角も長い。1970年代に南大東島へ侵入し爆発的に数を増やしたサイカブトとの競合により激減、現在ではほとんど絶滅状態にある。

同じく分布域がごく狭い種として、鹿児島県のトカラ列島や沖永良部島、喜界島に生息する**クロマルカブト**が挙げられる。体長は15㎜ほどと小型であり、オスもメスも角を全く持たない。

日本での分布は非常に限られているが、ク

ロマルカブトのグループは世界的にみると熱帯・亜熱帯のあらゆる地域で繁栄しており、種数も600種近くに及ぶ。鹿児島県の中之島には近縁な**ホリシャクロマルカブト**が生息するが、1979年以降採集記録がなく、ヒサマツサイカブト同様、幻のカブトムシといえよう。

ここまで読んで、日本にも案外多くのカブトムシが暮らしているように思った人もいるかもしれないが、以上に挙げた4種が生息するのは、琉球諸島だけだ。北海道〜九州の本土に生息するカブトムシは2種類だけである。コカブト**とカブトムシ**だ。

コカブトは20㎜ほどの小型のカブトムシで、オスは数㎜の痕跡程度の角を持つが、知らない人が見ればカブトムシの仲間だと気づくことはまずないだろう。とはいえ、北海道から南西諸島まで広く分布しており、郊外のちょっとした雑木林にも生息している身近な種だ。ただし、密度は高くなく、狙って採るのは難しい。筆者の経験では、灯火に来ていたり、腐朽の進んだ材に潜り込んでいたりするものを偶然見つけることが多い。

肉食性の性質を持つことで知られており、たとえば、ミミズの死体を食べに来ていたり、モグラやネズミなどの死体に潜り込んでいたりすることもある。この他にも幼虫の期間が極端に短いなど、カブトムシ亜科の中では特殊な生態を持つ興味深い種だが、研究は進んでいない。

北海道から沖縄まで、日本の広い地域に生息するカブトムシは、種としては1種（学名トリュポクシルス・ディコトムス〔*Trypoxylus dichotomus*〕）に分類されている。日本に生息する他の5種に比べて圧倒的に大きな体を持ち、オスには立派な角がある。つまり、多くの人が〝カブトムシ〟として認知しているのは、日本においてはこの1種類だけということになる。本書ではこれ以降、特に断りがない限り、カブトムシはトリュポクシルス・ディコトムスを指すものとする。

では、日本全国に生息するとは言うものの、カブトムシの分布に偏(かたよ)りはないのだろうか？次の項で詳しく見てみよう。

04

【カブトムシの分布を探る】

カブトムシがいる場所いない場所

▼カブトムシ分布の地域差

カブトムシは国内では北海道、本州、四国、九州、沖縄に分布している。このうち**北海道は本来の自然分布域ではない**。1980年ごろに本州から移入された、いわゆる「国内外来種」である。今では当たり前のように見られるため、カブトムシを採りながら育った北海道出身の若者に外来種であることを伝えると、驚かれることが多い。

旭川の養殖場から逃げ出したのがきっかけとも言われているが、侵入の経路ははっきりしない。侵入当初はしばしば大発生し、トウモロコシなどの農作物にも被害を与えたという。現在ではそこまでの大量発生は見られないものの、依然として高い密度で生息しており、稚内付近にもすでに到達しているようだ。つまり、気候の問題というよりは、地理的な障壁（津軽海峡）の存在のためにカブトムシは自力では北海道へ侵入できなかった可能性が高い。

本州、四国、九州では低地から低山にかけて広く見られるが、地域によって密度に大きなばらつきがある。筆者の経験では、西日本よりも東日本の方が圧倒的に密度が高いように感じている。中国地方や九州地方では、高密度で生息する地域が局所的に存在するものの、一般的には関東地方に比べると採集は容易でない。**西日本では、カブトムシに適した環境であるように見える場所でも、何らかの未知の要因によって、カブトムシは増えることができないようだ。**

▼カブトムシがいる島

カブトムシは島にも分布している。佐渡、五島列島、甑島列島、壱岐、対馬、種子島のような、屋久島以北の大きな島には例外なく生息しており、見島（山口）、粟島（新潟）、飛島（山形）、口永良部島（鹿児島）、三島硫黄島（鹿児島）のような比較的面積の小さい島にも生息している。筆者らの調査によって、九州の周辺のいくつかの島では、本土とやや

◎カブトムシの分布

・北海道・本州・四国・九州・沖縄と広く生息するが、
一部生息していない島も。
・カブトムシが住む島・島ない島一例
◉＝カブトムシが生息する島
✕＝カブトムシが生息しない島
◉飛島
◉粟島
◉佐渡島
✕隠岐諸島
＊現在は人為分布
◉見島
◉対馬
◉壱岐島
◉五島列島
◉甑島列島
こしきしま
◉口永良部島
くちのえらぶ
◉種子島
◉屋久島
伊豆大島
✕伊豆諸島
✕奄美諸島
久米島
西表島
石垣島
◉沖縄本島とその周辺の小島
（伊平屋島などの小島や久米島）
✕宮古島諸島
✕八重山諸島
（石垣島、与那国島など）

形態の異なる個体群が生息していることも分かりつつある（第5章参照）。

一方、カブトムシが生息していない島もある。たとえば伊豆諸島はカブトムシの分布の空白地帯である。大島のような本土から近く面積の大きい島にさえ生息していない。伊豆諸島はこれまで一度も陸地とつながったことがなく（海洋島という）、あまり長距離を飛行しないカブトムシは島へ到達することができなかったのかもしれない。

あるいは、**幼虫の生息環境**も関係しているかもしれない。カブトムシの幼虫は頑丈な倒木などの中へ潜り込む習性がないため、倒木ごと海洋島へ流れ着くということもなかったのだろう。

海洋島への進出という点で、カブトムシと対照的なのはクワガタムシ科だ。クワガタムシ科では伊豆諸島と本土で共通する種が多く見られるが、このことは幼虫の習性と関係しているかもしれない。すなわち、クワガタムシ科の幼虫は枯れた木の中を食い進むため、その中に入って海洋島へ流れ着くことがあり得るだろう。

▼それは本当にカブトムシ？

屋久島以南に目を向けると、カブトムシは沖縄本島とその周辺の伊平屋島などの小島、久米島に分布している。一方で、奄美諸島や八重山諸島には生息していない（ただし奄美大

沖縄諸島に生息するオキナワカブト

島では一例のみ記録あり）。本土とは異なり、沖縄諸島のカブトムシは人里近くにはあまり見られず、森林の中に生息している。また、生息密度は低く、それほど簡単には見られない。

沖縄諸島の個体群は屋久島以北のものと形態が大きく異なるため、オキナワカブトという亜種（*T. dichotomus takarai*）に分類されている。さらに、最近研究が進み、オキナワカブトは屋久島以北のものと別種といってよいほど系統が離れていることが分かってきた。**近い将来、台湾、中国、東南アジアの個体群を含め、カブトムシの分類体系は大きく見直され、種が細分化される可能性が高い。**

日本以外の国にもカブトムシは分布してい

る。韓国では平地に広く分布しており、日本（屋久島以北）のものと形態はよく似ている。中国は情報が少ないが、南東部を中心に生息しているようだ。現在の分類体系ではカブトムシの亜種とされているが、少なくとも福建、広東あたりの標本を見る限り、日本（沖縄以外）のものと形態が大きく異なり、同じ種として扱えるかは不明だ。台湾でも島嶼部を除く全土にカブトムシは分布しており、生息密度も高い。台湾の個体群も日本のものに比べると形態にいくつか異なる点が見られる。インド、ミャンマー、ラオス、ベトナム、タイなどにもカブトムシに似た種が生息しており、現在の分類ではカブトムシの亜種（*T. dichotomus politus*）とされている。

　いずれにせよ、国外のカブトムシについては知見が非常に少なく、どこまでを日本のカブトムシ（*T. dichotomus*）と同種として扱うかは、遺伝子解析を含めた今後の研究によって変わってくるだろう。また、今回紹介した以外にもカブトムシには国内外に多くの亜種が知られているが、それらの一部は将来的に統合、あるいは細分化されるかもしれない。

05

【カブトムシのすみか】

人間がつくった里山はカブトムシの楽園

▼カブトムシは人里の虫？

カブトムシが好む最も一般的な環境は**里山**(さとやま)である。里山とは、田畑と雑木林がモザイク状に入り混じった環境である。里山がなぜカブトムシに適しているかというと、**幼虫の生息場所と成虫の生息場所がセットになっている**からだ。

里山の田畑では、多くの場合、もみ殻(がら)、稲藁(いなわら)、雑木林の落ち葉、牛糞(ぎゅうふん)などを使って、田畑の肥料にするためのたい肥や腐葉土(ふようど)が作られている。そのような場所は、カブトムシの幼虫にとって絶好の餌場(えさば)となる。シイタケ栽培をしている農家が、古くなったほだ木(ぎ)を捨てているような場所も、幼虫の発生場所となる。幼虫は手で簡単に崩れるくらいになるまで腐(ふ)

里山に暮らすカブトムシ

朽(きゅう)の進んだ広葉樹の材を好んで食べる。また、アカマツのような針葉樹の材もときに利用する。メスの成虫はにおいを手がかりに目ざとくそのような場所を探し当て、卵を産み付けるのだ。

孵化(ふか)した幼虫は腐蝕(ふしょく)した有機物を食べて成長する。秋から春にかけて田畑のわきの腐葉土やたい肥を掘り返すと、大きく育ったカブトムシの幼虫がごろごろと出てくるはずだ。

また里山には**クヌギを主体とした雑木林があることが多い**。クヌギといえば、カブトムシの成虫が最も好む樹種である。クヌギの樹液は酵母(こうぼ)によって発酵してツンとした香りを発するようになり、その発酵臭にカブトムシは強く誘引される。クヌギの樹液は成虫の栄養源である糖やたんぱく質を含んでいる。[3] また、酵母の分泌物や酵母自体も餌としているかもしれない。

なぜ人里にクヌギが多いのだろうか？　それはクヌギが人間の生活と密接に関わっている植物だからだ。日本のクヌギの由来は諸説あるが、縄文時代から弥生時代に、稲作や農耕の文化とともに、渡来人によって朝鮮半島から持ち込まれたという説が最近では有力である。[4] クヌギは、建築用資材や薪燃料、炭焼きの材料、シイタケ栽培用のほだ木、あるいは刈敷（田植え前の水田に敷くための肥料）として古くから重宝されてきた。

また、クヌギは、根元から伐採しても枯れることはなく、翌年にたくさんの新たな芽が切り株から生え、成長を始める。芽の成長は早く、5年ほどで薪などに適した太さにまで育つ。このように、伐採によって新たな芽を成長させることを萌芽更新と呼ぶ。クヌギは、通算5回程度の萌芽更新を行うことが可能であり、一本の木から何度も材を得ることができるのである。

おそらく、昔から人は自分たちが利用するために、クヌギの植栽を盛んに行ってきた。その結果、現在でも、山奥ではなく、平地や低地の人の生活圏周辺にクヌギ林が見られることが多いのである。[4]

▼カブトムシが好きなクヌギの条件

クヌギ林でカブトムシやクワガタムシを探したことのある人はお気づきだと思うが、**クヌギ林の中でも樹液を出すクヌギの木は限られている**。また、あるクヌギ林には樹液を出す木がたくさんあるのに、別のクヌギ林にはそのような木がほとんどないこともある。どのような条件でクヌギは樹液を出すのだろうか？

まだ詳細なメカニズムは分かっていないが、萌芽更新のための伐採や、雑木林の管理や薪の確保のために行う枝打ちなど、**人が与えるダメージが重要だろうと**言われている[5]。おそらく、樹液を出す木がたくさんあるような雑木林は、人が利用している（あるいは最近まで利用していた）林であり、定期的に木がダメージを受けている可能性が高い。

「**台場**（だいば）**クヌギ**」という言葉を聞いたことはないだろうか。クワガタムシやカブトムシ、特にオオクワガタを採集するときのキーワードである。

台場クヌギとは、地上から1～2m付近がゴツゴツといびつな形をした巨大なクヌギのことである。台場クヌギには樹液にあふれた樹洞（じゅどう）ができやすく、そのような場所はオオクワガタの隠れ家となりやすいのである。

通常は萌芽更新の際、地面に近いところで伐採を行うが、地域によっては地上から1～

台場クヌギ

2m付近の高い部分で伐採を行うことがあり（シカに芽生えを食べられにくいなどの利点があるようだ）、それが繰り返されると、切り残された幹だけが異様に太くなり、台場クヌギが完成する。台場クヌギは極端な例としても、樹液の出る木ができるには、萌芽更新が非常に重要なのである。

さらに、樹液の滲出（しんしゅつ）には、ボクトウガというガの幼虫の関与も指摘されている(6)。ボクトウガは北海道から九州の雑木林に生息する中型のガである。ボクトウガの幼虫は生きたクヌギの樹皮下（じゅひか）に潜り込み、坑道（こうどう）を作りながら木部を食べ進む。これによって樹液が恒常的に滲出するようになる。

さらに興味深いことに、一般的にガの幼虫と言えば完全なベジタリアンだが、ボクトウガはそうではない。ボクトウガの幼虫は、樹液に集まってくるアリやハエなどの小さな昆虫を大顎で捕らえ、坑道へと引きずり込むことがある。樹液を出すクヌギの木が近所にあったら、ぜひ夜に行って、めくれた樹皮の下をよく観察してほしい。ボクトウガの幼虫が頭をのぞかせているかもしれない。さらに運が良ければ捕食シーンも見られるかもしれない。地域によっては、樹液の出ている木のほとんどにボクトウガの幼虫が住み着いていることが知られており(6)、樹液の滲出に大きな影響を与えていると考えられる。

ただし、孵化したばかりの小さなボクトウガの幼虫は自力で木に潜り込むことはおそらく不可能であり、人間やカミキリムシなどによって付けられた傷を利用して木に侵入すると推測される。また、ボクトウガがいなくても毎年大量の樹液を出すクヌギも存在するため、樹液の滲出には複合的な要因が関係している可能性が高い。

いずれにせよ、カブトムシの餌場は、自然と人間の力の相互に作用することで生まれるのである。

06

【カブトムシが栄えた理由】

人の繁栄がカブトムシを繁栄させた

▼都会派カブトムシの登場

里山は、幼虫と成虫の餌場(えさば)がセットになっているため、カブトムシの生息にとても適した環境だが、諸々の開発事業や農業従事者の減少により近年悪化の一途をたどっている。特に都会の周辺では里山と呼べるような環境はほとんど残っていない。

それにもかかわらず、都会にもカブトムシはしぶとく生き残っている。しかも、場所によっては、**郊外のいい里山と遜色(そんしょく)ないくらいの高密度で生息していることが分かってきた。**いったいなぜ都会にカブトムシが住むことができるのだろうか?

都会のカブトムシが住んでいるのは、公園のような公共緑地や大学、神社である。このよ

都会で暮らすカブトムシのイメージ図

うな緑地では、里山と同様、林の管理がきちんと行われている。つまり、落ち葉掻きや木の間伐が定期的に行われ、落ち葉や間伐材を貯めるための〝ゴミ捨て場〟が存在することが多い。そのため、都会でも幼虫にとって餌場となる場所はたくさんある。

一方、成虫の餌場はそれほど潤沢にあるとは思えない。都会の緑地にはクヌギがあまり多く見られないことが多い。しかし、不思議なことにそのような場所にもたくさんのカブトムシが生息していることがある。細々と残っているわずかなクヌギの木を利用している可能性も考えられるが、**それ以外の樹種も柔軟に利用しているかもしれない**。

たとえば、筆者のフィールドの一つであっ

都市部においてカブトムシが食事に利用することがあるシマトリネコ。矢印の先にあるのは、カブトムシが削った跡

た目黒区の大学のキャンパスでは、ヤマグワやアラカシ、シラカシの樹液にやってきたカブトムシをしばしば見かけた。沿岸部の都市公園でも、アラカシやタブノキが利用されていた。これらの木は、カミキリムシの食害によって傷を受けることが多く、そこから染み出す樹液をカブトムシが利用していた。

最近庭木(にわき)や街路樹(がいろじゅ)としてよく利用される**シマトネリコ**という木にも、カブトムシが大挙して押し寄せることがある。ときに100匹近くが一本の木に群がり、夏にニュースとして取り上げられることがある。シマトネリコの薄い樹皮を口器を使って積極的に削り、染み出した樹液を吸い取っているのだ。

それ以外にも、イチョウ、コナラ、アカメガシワ、ヤナギ類なども、カブトムシが利用することが報告されている。これらの木は恒常的に樹液を出すことが少なく、さらにクヌギの樹液ほど栄養豊富ではないと思われるが（第5章参照）、樹液を出すクヌギが少ない地域では替わりに利用されているかもしれない。

成虫は、羽化後に餌を全く食べなかったとしても産卵や交尾が可能である。**おそらく、成虫よりも幼虫の餌場の有無の方が、カブトムシの生息にとって重要だろう。**

以上のように、カブトムシ（特に幼虫）が生活するうえで、人間活動が非常に重要であることが分かる。そのため、カブトムシを採集するなら、人里離れた森の中ではなく、都会の公園（残念ながら昆虫採集が禁止されていることも多いが）や田畑周辺の雑木林が狙い目である。

一方クワガタムシは、人里の方が密度が高い傾向はあるものの、山奥にも生息している。クワガタムシの幼虫はカブトムシほど大食漢（たいしょくかん）ではなく、自然に枯れた比較的細い木の中でも十分に成長できるためである。

▼カブトムシと人間の関係

さて、ここまで読んで、人間が農業を始めるまでカブトムシはどこで生活していたのだろうか？　と疑問に思った人もいるだろう。現在では、**幼虫が完全に自然な環境から発見されるのは大変珍しい**。筆者は、大きな木の根元が腐ってできた樹洞（じゅどう）、落ち葉の吹き溜（ふだ）まりや、増水したときに流れ着いたと思われる、河川敷（かせんじき）の腐蝕（ふしょく）した木の下などから幼虫を見つけたことがある。いずれも数匹程度と少数の幼虫が見つかっただけだった。

おそらく農業が始まるまではそのように偶然できた環境を利用しながら、森林や河川敷で細々と生活していたのだろう。たい肥のような栄養価の高い餌も存在しなかったため、今より体の大きさも小さかったかもしれない。人が意図せずに自分たちの餌場を作ってくれる現代は、カブトムシにとって幸せな時代と言えるかもしれない。

07

【カブトムシの一生】

カブトムシはいかに生きるのか？

▼卵のための空間を作る母

カブトムシがどんな生涯を送るか、子ども向けのテレビ番組や図鑑などで見たことがある人もいるだろう。しかし一生のほとんどの期間を地中で生活することもあり、幼虫から成虫に至るまでの行動には意外によく分かっていない点も多い。

カブトムシの寿命（1世代）はちょうど1年である。ご存じの通り真夏に成虫が発生する。餌場である樹液が染み出た木の上で交尾を終えて数日経つと、メスは産卵場所を探して飛び回る。そうして腐葉土やたい肥など適した産卵場所を見つけると、約20㎝の深さに潜り込み、産卵管を使って、卵よりも一回り大きいくらいの、卵室と呼ばれる小さな空間を作りながら

卵を産むカブトムシのメス。何らかの方法で卵室の周辺の土を押し固める

卵を一つひとつ丁寧に産み付けてゆく。一晩に産み落とす卵は、10個程度である。メスの生涯での産卵数は飼育下の好適な条件下では約150個だが、野外では十分な餌を得られないため、それほど多くの卵を残すことはできないと考えられる。

卵を産むとき、メスは不思議な行動をとる。**何らかの方法で、卵室の周辺の土を押し固めるのだ。**飼育していると、産卵が始まるタイミングで容器に入れた土が圧縮され、かさが減っていくのがはっきりと確認できる。産卵前後に土を固めるための何らかの分泌物を出している可能性があるが、どのようにして押し固めているのかは分かっていない。

土を押し固める行動は他のコガネムシ科で

はそれほど一般的ではないが、カブトムシ亜科では多くの種で見られる。しかし、なぜこのような行動をするのかについては、残念ながら不明である。

▼幼虫の急速な成長

続いて、メスによって産み落とされた卵がどう変化していくかを見ていこう。

産卵直後の卵は純白で重さは約15㎎、約4×2・5㎜の楕円形をしている。日数を経て発生が進むにつれ、周りの水分を吸って重くなり、形も球形に近くなってくる。土の中に卵を産む昆虫では、このように卵の重さが増加することは珍しくない。卵の色も、おそらく卵表面で微生物が増殖することによって褐色味が強くなる。

10日目くらいになると、中に幼虫の姿が透けて見えるようになる。ここまで来ると、産まれるまであと数日である。そして産み落とされてから13~16日後には重さは40~50㎎くらいにまで肥大し、幼虫は孵化する。**孵化してから次に脱皮するまでの幼虫を1齢幼虫と呼ぶ。**

孵化した直後の幼虫は、しばらくは卵室に留まる。頭部がまだ白いままで柔らかい状態だが、やがてオレンジ色に着色するとともに硬化する。

産まれた幼虫が最初にとる行動は、食事である。最初の食事は、自らの卵の殻だ。その後、

◎カブトムシの成長サイクルイメージ図

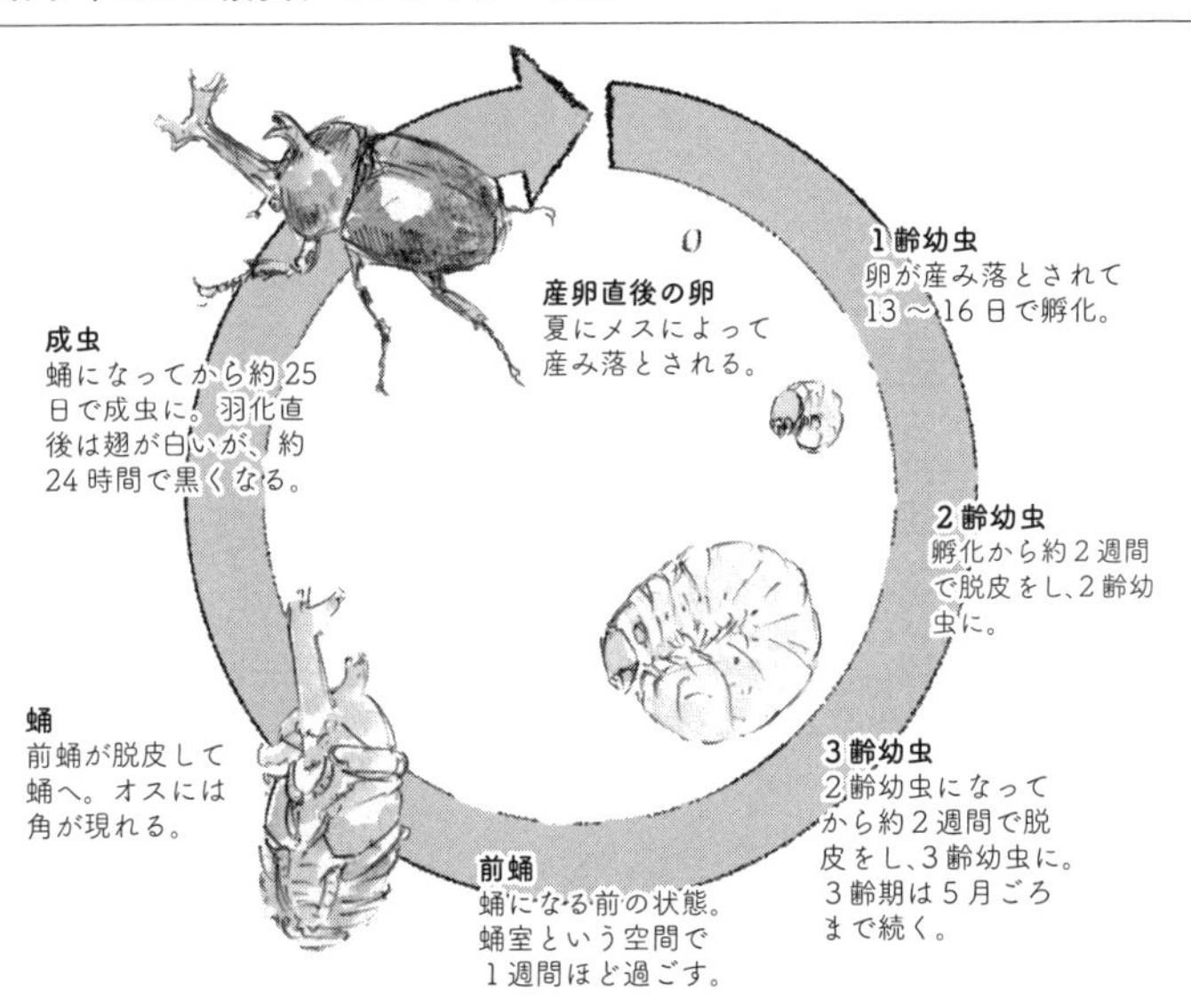

卵室から出て自分の周りにある腐葉土を食べ始める。

幼虫の成長はとても速い。孵化直後の幼虫は頭でっかちだが、頭以外の部分が成長して大きくなるため、頭部の大きさは相対的に小さくなってゆく。

孵化してから2週間ほど餌を食べると体重は孵化したときの10倍ほどに達し、小さな空間を土の中に作って一度目の脱皮を行う。脱皮は数時間で終わり、**2齢幼虫**へと変化する。

2齢幼虫の頭部は1齢幼虫のころに比べ二回りほど大きく、慣れれば齢の区別は簡単にできるようになる。

1齢幼虫の場合と同じく、2齢幼虫もまずは食事にありつこうとする。食べるのは自分が脱いだ皮で、その後腐葉土を食べ始める。2齢幼虫になってから約2週間後には、約4～6gにまで成長し、もう一度脱皮をして**3齢幼虫**となる。カブトムシをはじめとしたコガネムシ科の昆虫は、この3齢が終齢である。

なお、自らの脱皮殻を食べるという習性は、昆虫では珍しくない。脱皮殻(だっぴがら)に含まれる栄養分を摂取している可能性があるが、脱皮殻を食べなかった場合でも問題なく成長できるため、その重要性は不明である。

さて、3齢になった直後の幼虫はすさまじい量の餌を食べて成長する。狭い容器で幼虫を飼育していると、あっという間に容器が俵形の糞でいっぱいになってしまう。3齢幼虫は秋の終わりころにはほぼ成長しきってしまい、体重はオスでは30g、メスでは20gほどに達する。このころの幼虫は冬に備えて脂肪をたっぷりと蓄えるため、体色の透明感が失われ、黄白色味が強くなる。そして寒くなると腐葉土のやや深いところに潜り込み、越冬することになる（しかし、他の虫の冬越しとは違い、暖かい日には動き回り餌を食べることもある）。

▼蛹から成虫へ

3月ごろになり暖かい日が増えると、幼虫は餌を食べるために地表付近へ移動してくる。ここまでずっと食べ通しだが、5月ごろになると幼虫の食欲が落ち、体重は減少し始める。カブトムシの飼育経験のある人はピンときたかもしれない。そう、もうじき幼虫は蛹になるための準備を始めるのだ。

やがて体の色は強く黄色味を帯びるようになり、皮膚のツヤがなくなる。そして地中20~30㎝ほどのところに、**蛹室**(ようしつ)と呼ばれる楕円形の空間を作る。

蛹室は、液状の糞、もしくは口から出される粘性のある物質を使いながら、体で壁面を押し固めるようにして、半日程度で作られる。完成した蛹室の中で幼虫は1週間ほど過ごす。このときの幼虫は前蛹(ぜんよう)と呼ばれ、前蛹の後半には幼虫の体は棒のような形へと変化する。このころには、土を掘るなどの自由な行動は一切できない。

前蛹はやがて脱皮をして蛹へと変態する。このときになってはじめて、オスには角が現れ、オスとメスの違いがはっきりと表れるようになる。蛹の体色ははじめは白っぽいが、すぐに美しいオレンジ色へと変化する。

成虫の体が作られ始めるのは、蛹になってから15日ほどのことである。内部が透けて見えるため蛹の体色は黒味を帯びてくる。さらに10日ほど経つと羽化が起こり、成虫が姿を現すのだ。

羽化直後の成虫は純白の上翅(じょうし)を持つが、すぐにメラニン色素のはたらきによって茶色から黒へと変化し、約24時間で、我々がよく知っているカブトムシの姿になる。ただし、成虫はすぐに活動を始めるわけではない。体が完全に固まり、活動する準備ができるまで10日間ほど蛹室の中にとどまり続ける。

その後、蛹室から脱出したカブトムシは、地表付近へと移動し、夜が来るのを待つ。ときがきて地上へ出ると、カブトムシは配偶相手と餌場を探すべく、飛び回っていくことになる。これがカブトムシの一生だ。

成虫の寿命は、飼育下では2か月ほどである。だが、野外では飢(う)えや捕食の影響を受けるため、それよりもはるかに短命だ。筆者が目黒区の緑地で行った標識調査の結果からは、**多くの個体は1週間から10日以内に死亡していることが推察された**。丈夫なイメージが強いカブトムシだが、自然の中で生き続けるのは簡単ではないようだ。

08

【カブトムシの生活リズム】

カブトムシは完全な夜型生活者

▼カブトムシ捕獲の最適時間

カブトムシの成虫を採(と)りに行くのは何時ごろがいいだろうか? 朝早起きして5時ごろに採りに行く人もいるだろうし、あるいは夕食後の20時ごろから出かけるという人もいるだろう。しかし、いずれもベストな時間ではない。結論から言うと、**カブトムシが最も多いのは深夜0時から2時ごろの間**である。大量のカブトムシを得るためには、猛烈な睡魔(すいま)と戦わなければならないのだ。

筆者は目黒区の緑地で、発酵(はっこう)したバナナを桜の木に塗りつけて人工的な餌場(えさば)を作り、そこに来ているカブトムシの数を1時間ごとにカウントしていた。バナナの発酵したにお

カブトムシの夜型生活イメージ図

いはカブトムシを強く惹きつけるため、このような実験に適している。すると、決まって20時ごろに最初の1～2匹がやってくる。その後時間の経過とともに緩やかに数が増加してゆくが、23時の時点ではまだ5匹程度である。ところが、0時になると15～20匹にまで急増する。その後2時から3時ごろまでは餌場の周りには常に多数のカブトムシが群がっている状態が続く。それ以降徐々に数を減らし、5時ごろにはほとんどの個体が姿を消してしまう。

この観察記録は、突発的に生じた人工的な餌場におけるものであり、実際には樹液は毎日同じ場所で染み出し続けている。そのため、後述するように昼間は餌場のすぐ近くで休んでいる個体も多く、筆者の観察ほど極端な夜型のパターンにはならないようだ。しかし、樹液における観察記録でも、やはり0～2時ごろが活動のピークであることが示されている（プロローグ(1)）。カブトムシは完全な夜型生活者なのである。

カブトムシは（少なくとも東日本では）人家周辺や都会の緑地にも数多く生息しているにもかかわらず、そのことに気づいている人はほとんどいない。このことの最大の理由は、カブトムシの活動時間のピークが、人間の活動時間帯と正反対だからではないだろうか。

▼昼間のカブトムシ

では昼の間、カブトムシはどこで休んでいるのだろうか？　木の根元で土に潜っているという話を聞いたことがある人も多いはずだ。実際に図鑑にもそのように書かれていることが多い。樹液が出る木の根元は、採集者によって掘られた形跡が残っていることも多い。しかし、実際にそのようなところを掘ってもカブトムシは滅多(めった)に出てこない。（ただし、地上のごく低いところから樹液が染み出している場合は、地中で休んでいるカブトムシも見つかる。）本当にカブトムシは地中で休んでいるのだろうか？

昼間に枝で眠るカブトムシ

これを確かめるためには、樹液のそばで日没後カブトムシがどこからやってくるかを観察すればよい。

カブトムシは、木の下の地面から現れることはほとんどない。ほとんどのカブトムシは、大きな羽音を立てながら、木の上の方から降りてくるのである。よく観察していると、樹液の出ている木のすぐ近くから飛んでくる個体が多いことにも気づくはずだ。**カブトムシは昼間、樹上の茂みの中に潜んでいたのだ。**

2013年、ある研究者が台湾でカブトムシに小型の発信機を取り付け、このことを科学的な方法で裏付けた[プロローグ(2)]。追跡調査の結果、地中に潜る個体もわずかに見られたが、やはり**ほとんどの個体が樹冠部（枝や葉が冠状に茂っている部分）をねぐらとしていることが分かった**。餌場とねぐらの距離は数十ｍ以内であることが多かった。また、夜間は同一個体が何日も連続して同じ木に採餌に訪れることがあり、お気に入りの餌場というのが存在したが、ねぐらとする場所にはそのような一貫性が見られなかった。

これらのことを踏まえて、カブトムシを昼間捕まえるときは、樹液のそばの木の茂みの中を丁寧に探してみよう。寝ているカブトムシの姿を見つけられるはずだ。

09

【カブトムシの天敵】

カブトムシの生存を脅かす存在とは？

▼幼虫の最大の敵はカビ

昆虫の王様であるカブトムシに天敵はいるのだろうか？

幼虫は、1~2齢の小さいうちであれば、アリ、ムカデ、ヤスデなど、多くの肉食性の節足動物に狙われる。特に何かの拍子で地上へ出てきてしまうと、外敵に襲われる確率は高くなる。幼虫がある程度まで大きく育つと捕食者は減るが、大きくなったカブトムシの幼虫を好んで食べるモグラのような天敵も存在する。カブトムシの幼虫を採りに行くと、腐葉土にモグラの穴が開いており、そのまわりに体液を吸われたカブトムシの幼虫の残骸が散乱していることがしばしばある。

しかし、それ以上に重要な天敵は**カビ**である。飼っている幼虫に青っぽいカビが生えて死んでしまったという経験のある人もいるだろう。この青いカビはメタリジウムと呼ばれるグループの昆虫病原性の糸状菌（しじょうきん）（カビ）である。カブトムシをはじめとするコガネムシの仲間に対しては特に影響が大きい。そのため、農業害虫であるマメコガネの幼虫の防除のために、メタリジウムが生物農薬として使われることもある。

メタリジウムによるカブトムシの死亡は、飼育下では幼虫の腐葉土の交換を怠（おこた）ったときに特に多く発生する。伝染性であるため、同じ容器で飼育している幼虫が一斉に死んでしまうこともある。また、野外でも、この糸状菌に感染して死んでいる幼虫をしばしば見かける。そのような死体は、水はけの悪い場所や、腐葉土の餌（えさ）としての質があまり高くない場所でより多く見られる。

このように、カブトムシの幼虫が住んでいる環境はとても清潔とは言えない環境であり、メタリジウムをはじめとした多くの病原性微生物からの脅威にさらされ続けている。**ただし、幼虫はそれに対抗するために強力な免疫システムを進化させており、それらのおかげで、たいていの場合、病気になることなく成長できる**。

カブトムシの持つ免疫システムの中で最も有名なものは、ディフェンシンと呼ばれる抗菌タンパクである。ディフェンシン自体は動植物に広く見られる免疫システムの一つであり、細菌などが体内に侵入した際に体内で作られる。カブトムシやサイカブトから発見されたディフェンシンは特に強力であり、抗生物質や抗がん剤としての利用に向けた研究も進められているほどである。幼虫はそのような強い免疫機構を持つにもかかわらず、幼虫の栄養条件が悪かったり、あるいはあまりにも多くの病原微生物にさらされたりすると、防御しきれず、病気を発症してしまうと考えられる。

▼成虫の天敵たち

成虫になったカブトムシも、国内最大の昆虫とはいえ、さまざまな天敵に狙われる。むしろ、**体が大きいからこそ目立ちやすく、さらに餌としての価値が高いため、天敵に狙われやすい**ともいえる。

実際にカブトムシが集まるクヌギの下には、夏になると腹部が引きちぎられたカブトムシの残骸が大量に転がっていることが多い。しばしばこの現象はニュースや新聞でも取り上げられる。カラスが食べているのではないか、などの推測は以前からあったが、実際に食べている現場を見たという報告はほとんどなかった。街灯に飛んできたカブトムシを鳥類や哺(ほ)

乳類が食べているのはしばしば目撃されてきたものの、これは人間の活動が関与しており、本来の捕食─被食関係を反映しているとは限らない。自然状況下でのカブトムシの捕食者は長らく不明であった。

カブトムシの捕食者が初めて報告されたのは2009年のことである。京都府のある雑木林で、クヌギの樹液にやってくるカブトムシを**フクロウ**が食べていることが分かった。[7]

フクロウは、飛んでいるカブトムシを空中でキャッチするか、あるいは枝などにとまっているカブトムシめがけて飛んできて、脚で捕らえていた。そしてフクロウはカブトムシの腹部だけを食べ、胸部より上は捨ててしまう。

しかし、フクロウが生息していないような都会の公園でも、カブトムシの残骸は普通に見られる。フクロウ以外にもカブトムシの天敵がいるはずだ。筆者らは、茨城県つくば市の雑木林において、カブトムシの捕食者を特定するため、樹液のそばに赤外線センサーカメラを設置した。[8] 赤外線センサーカメラは、温血動物に反応して自動的に撮影を行うもので、防犯カメラとしてもよく使われている。

撮影された映像を見ると、驚いたことに**タヌキ**がやってきて、樹液にへばりついているカブトムシを次々と引きはがしては食べていた。カブトムシは俊敏に動くことができないた

カブトムシと天敵のタヌキのイメージ図

め、一度狙われるとひとたまりもない。

タヌキがやってくるのは、たいてい、カブトムシの活動がピークとなる深夜0〜3時ごろだった。また、夏の間に限り、タヌキは毎晩のように樹液へ通ってきていることも分かり、カブトムシを相当気に入っているようだった。野生のタヌキにカブトムシを与えるという実験を行ったところ、タヌキもフクロウ同様、カブトムシの腹部のみを食べるグルメな捕食者であることが分かった。

その後、他の場所でもタヌキによる捕食の証拠が次々と見つかり、関東地方の平地の雑木林では、タヌキがカブトムシの重要な捕食者であることが示された。

赤外線センサーに写ったタヌキの写真

樹液のにおいはタヌキ以外の哺乳類も惹きつけるようで、茨城県や東京都内の樹液のそばに設置したカメラには、ハクビシンとアライグマがしばしば記録された。いずれも日本では外来種であり、さまざまな問題を引き起こしている。

このうちハクビシンは、一度だけカブトムシを食べる様子が記録されていた。アライグマは、樹液にやってきたタイミングにカブトムシがいなかったようで、カブトムシを捕食するシーンは記録されなかったが、カブトムシを見つければ当然喜んで食べるはずである。また、タヌキと違って木登りも得意なため、アライグマがカブトムシの味を覚えてしまうと、カブトムシにとって大きな脅威となるこ

カブトムシを捕食するカラス

とが予想される。

さて、関東地方のようにカブトムシの密度が高い地域では、発生のピークの時期であれば日が昇っても樹液にとどまり続けるカブトムシが見られる。そのような個体は**ハシブトガラス**に襲われることが、赤外線センサーカメラで撮影された映像から明らかとなった。

ハシブトガラスは早朝に樹液を訪れ、木にとまっているカブトムシを嘴（くちばし）で捕まえ、地上で嘴を使い、やはり腹部を引きちぎって食べていた。カブトムシを数匹載せたトレイを林の中に置くと、ハシブトガラスの群れが訪れ、取り合うようにしてあっという間にカブトムシを運び去った。カラスにとってもカブ

カメラが捉えたカブトムシを捕食するカラス

トムシはごちそうなのである。

▼カブトムシは人間にとってうまいのか？

カブトムシが哺乳類や鳥類にとっておいしい餌であることは間違いないが、人にとってはどうなのであろうか。

筆者はまだ実行する勇気がないが、昆虫食の研究者の話では、臭みが強くておいしくないそうである。哺乳類や鳥類と人の味覚は大きく異なっているのだろう。

ただし、**ラオスではヒメカブトという中型のカブトムシの成虫を食べる文化がある**ようだ。これもやはり日本人の口には合わないと聞くが、すべての人にとってまずいというわけではないのだろう。東南アジアでカブトムシの幼虫を食べる文化がある、という話を耳にすることもあるが、これは実際にはカブトムシではなくオサゾウムシの幼虫であると推測される（見た目はともかくこちらは万人受けする味のようだ）。

コラム① こんなに多いカブトムシの仲間たち

▼植物食の美しい面々

カブトムシの属するコガネムシ科は3万種を超える巨大グループであり、個性的な種類が数多く含まれている。美麗(びれい)で大型の種が多く含まれるため人目に付きやすく、昆虫採集の初心者や子どもたちにもなじみの深いグループである。

コガネムシ科の中で、最も目にすることの多い種は(少なくとも関東平野では)アオドウガネだろう。はっきりとした理由は不明だが、最近になって都市部で急速に数を増やしている。夜行性で夏になるとおびただしい数が灯火に集まってくる。

緑色をした大型のコガネムシだが、成虫、幼虫ともに植物食で、野菜や観葉植物を育てている人にはとても嫌われている。特に幼虫は土の中に住んでいるため対処が難しい。育てていた植物が突然枯れて、原因を調べたらアオドウガネの幼虫が根っこを食い尽くしていた、という話もしばしば耳にする。

植物食のコガネムシの仲間(スジコガネ亜科やコフキコガネ亜科)には、他にも害虫と

日本在来のマメコガネ

して知られている種は多い。とりわけ悪名高いのがマメコガネである。

本種は日本在来だが20世紀初めに北米に侵入し、瞬く間に農作物の大害虫となった。おそらく原産地で受けていたであろう何らかの制約から解放され、侵入地で爆発的に増殖する現象は、多くの外来生物で知られており、マメコガネはその典型的な例と言える。現在ではその分布をヨーロッパにまで広げている。

マメコガネをはじめとするスジコガネ亜科は嫌われることも多いが、じっくりと見てみると、宝石のような美しさを持ち、とても魅力的なグループであるように思う。

▼カナブンの知られざる生態

ハナムグリ亜科はすべてが昼行性であり、前翅を閉じたまま後翅だけで飛行するユニークなグループである。成虫は花粉や樹液、幼虫はカブトムシと同じように腐蝕(ふしょく)した有機物を食べるため、害虫扱いされることは少ない。

成虫の体形も、他の多くのコガネムシとは一線を画(かく)し、スマートでどこかスタイリッシュな印象を受ける。幼虫も極端に小さい頭部を持ち、他のコガネムシとは全く違った体形をしており、すばやく背面歩行を行う。

ハナムグリ亜科で最もなじみが深い種はカナブンだろう(アオドウガネなど大型のコガネムシをまとめて俗にカナブンと呼ぶ人もいるが、ここで話題にしているのは真のカナブンのことである)。

発生のピークは、6月から7月であり、特に真夏に多数の成虫が樹液に集まるため、クワガタムシやカブトムシを探している人には、樹液のありかを知るためのいい目印になる。

関東地方では大都会の林にも生息しているごく普通種だが、幼虫の発見例がほとんどなく、幼虫の食性は長らく謎であった。しかし、2011年になってついにそれが解明された。驚くべきことに、幼虫はなんとクズの落ち葉の中に生息し、腐蝕した葉を食べていたのである[1]。

本州・四国・九州では、カナブンの仲間は他に2種がおもに生息しており、いずれも地

ハナムグリ亜科の代表格カナブン

域的には普通種である。関東地方の平地では、カナブンと入れ替わるようにして、8月ごろからクロカナブンが現れる。カナブンよりも一回り大きく、黒く光る美しいハナムグリである。北海道や東北地方などの寒冷地にはカナブンが生息しておらず、代わりにアオカナブンという種が見られる。これもまた緑色に輝く美しいハナムグリである。詳しくは割愛するが、これら3種のカナブンは互いに一見よく似ているが、よく調べると生活史や幼虫の食性が全く違っており、大変興味深い。

他に目にすることの多いハナムグリの仲間には、1㎝ほどの小型種であるコアオハナムグリが挙げられる。都市公園などのちょっとした緑地にも生息しており、5月ごろから種々の花に日中訪れているのを見ることができる。身近ながら、深緑色の体にたくさんの白い斑点(はんてん)を散りばめた、なかなかの美麗種である。幼虫は比較的やせた土壌(どじょう)中でも生活することができる。庭いじりなどをしているとしばしば出てくるハナムグリの幼虫は、本種であることが多い。

▼不思議な生態を持つ糞虫たち

コガネムシ科で忘れてはならないのがダイコクコガネ亜科だ。ほとんどが哺乳類の糞(ふん)を食べる、いわゆる糞虫と呼ばれるグループである。ファーブル昆虫記にも登場するタマオシコガネ(フンコロガシ)はあまりにも有名である。日本には残念ながら糞を転がす種はほとんどおらず、また、1㎝未満の小型種が多い。しかし、短いながら頭部に角のような武器を持つ種がいたり、子育てをする種がいたりするなど生態にも興味深い点が見られ、熱烈なファンが多いグループでもある。奈良公園(鹿の糞が豊富にあり、糞虫の〝聖地〟と呼ばれている)には、糞虫のみを扱う私設博物館が最近オープンしたほどである。

ダイコクコガネ亜科の中でもいくつかの種類は公園の犬の糞にもやってくる身近な昆虫だが、時々灯火に飛来する以外は、日常生活の中で目にすることはほとんどない。彼らと出会うためには、糞の中や糞の接している地面をほじくり返さなければならないのである。

第2章

オスはなぜ角を持つ？

10

【カブトムシの角の基本】

カブトムシのオスが大きな角を持つのはなぜ？

▼オスとメスの違い

カブトムシほどオスとメスの区別が容易な昆虫は他にいないだろう。オスの最大の特徴は、何といってもその立派な角である。頭部に先端が四つに分かれた長い角、前胸部に二股（ふたまた）になった短い角をそれぞれ1本持っている。一方メスは全く角を持たない。

オスの角の機能は、一言で言えば、〝けんかをするための武器〟である。子どものころに、オスどうしを戦わせて遊んだという人もいるだろう。野外でも、オスは樹液の上で、頻繁（ひんぱん）に他のオスとけんかを行う。カブトムシにとって樹液は非常に貴重な餌場（えさば）であるだけでなく、メスがやってくる〝出会いの場〟となる。そのため、オスにとって、樹液から他のオスを追

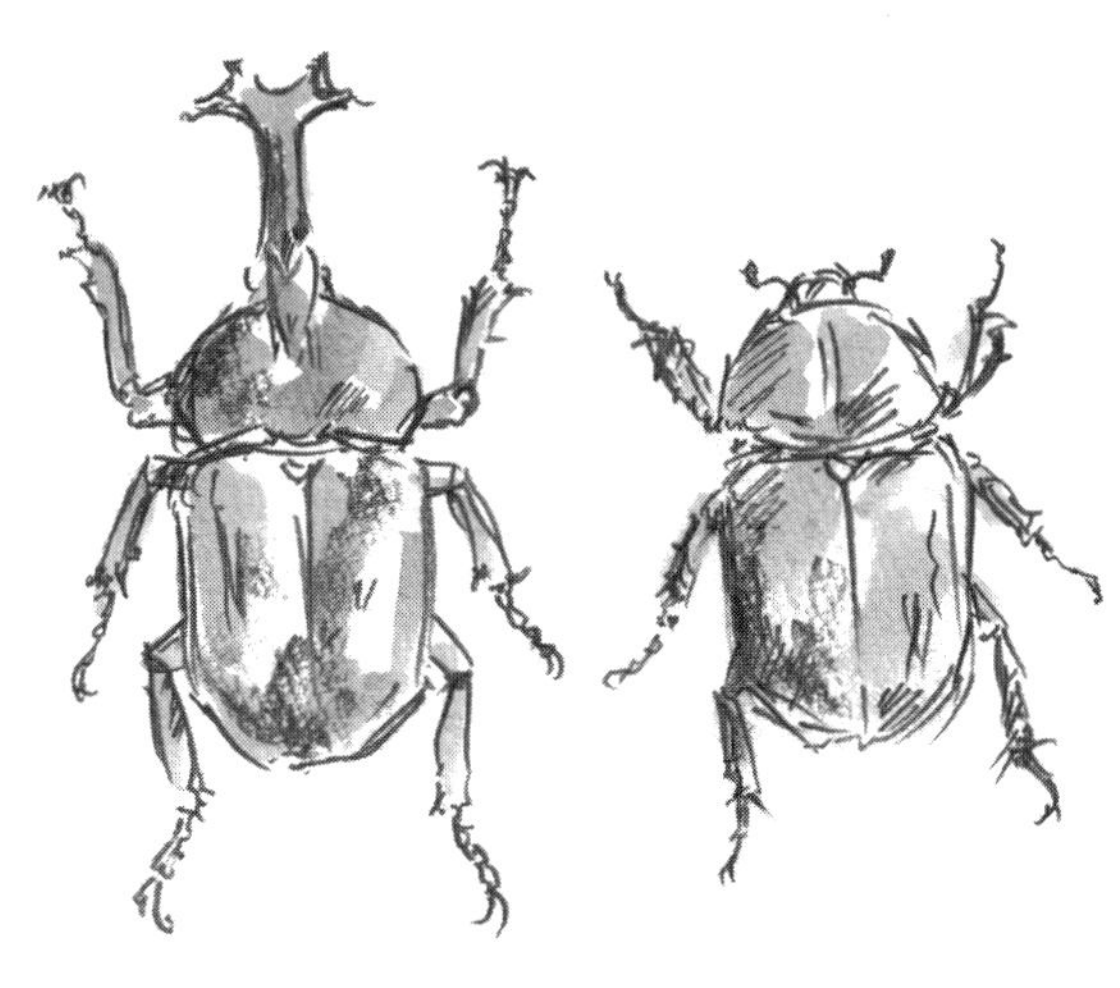

カブトムシのオスとメス

い払うことは自らの子を多く残すうえでとても重要である。

このように、オスが角を持つメリットは比較的理解しやすいが、なぜメスは角を持たないのだろうか。樹液が貴重な餌場であることは、オスだけでなくメスにとっても同じはずだ。

実際に**メスどうしも頭をぶつけるようにして樹液の上でしばしばけんかをする**。オスとメスは同じ遺伝子セットを持っていることを考えると、メスにもオスと同じような角が生えても不思議ではない。

しかし、カブトムシ以外の動物を見ても、クワガタムシの巨大な大顎やシカの立派な角は同様にオスにしか見られない。武器がオスにしか進化しないのには、生物全体に共通する根本的な理由があるはずだ。

これを解くための重要なカギは、オスとメスが作る配偶子(はいぐうし)、すなわち**精子と卵の生産コストの違い**にある。卵に比べると精子の容積ははるかに小さく、卵一つを作る資源があれば数百万の精子を作ることができる。しかも、メスは生涯に限られた数の卵を作ることしかできないのに対し、精子はほぼ無尽蔵(むじんぞう)に作られる。つまり卵の数に比べて精子の数は圧倒的に多いことになる。しかし受精に寄与する精子は一つだけだ。そのため、貴重な卵をめぐってオスが争うことになる。

また、メスでは生涯に作ることのできる卵の数が、残せる子どもの数を決定づける。**もし頭に角をつけると、本来卵の生産に使えた資源が角の生産に使われてしまい、卵の生産数が減少する**。もちろん角を持てばけんかに勝って多くの餌を得ることができるかもしれないが、そのことで得られる利益よりも、卵生産が目減り(めべ)する不利益の方が大きくなるのだ。そのため、角を生やすようなメスは多くの子を残すことができず、淘汰(とうた)されてしまうのである。

一方、オスでは、自分自身が生涯に残す子の数は、配偶子の数ではなく**配偶相手の数**によって決定される。つまりオスでは、多くのメスを獲得するような性質(たとえばメスにも

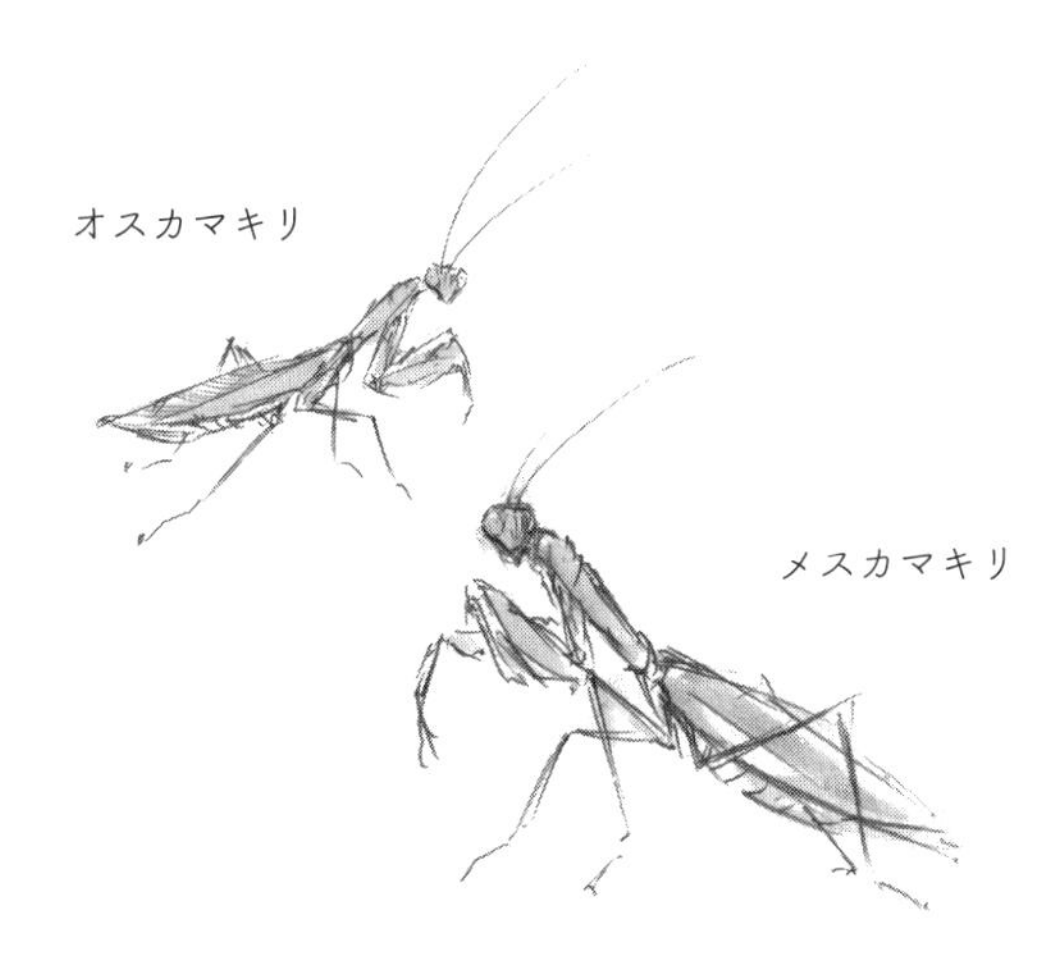

カマキリのように、昆虫の多くはオスよりメスの方が大きい

てるための形質やライバルオスを打ち負かすような形質）が、進化上有利となる。これが、カブトムシをはじめとした多くの動物で、オスのみに武器が見られる理由である。

▼オスの方がメスより大きいのは稀

カブトムシの形態の性差の中で、角の有無と同じくらいユニークなのが体の大きさである。カブトムシではオスの方がメスよりも体が大きい。重さにするとオスはメスの約1・4倍である。**オスの方が大きいというのは、昆虫の中では例外的である。**

ほとんどの種はメスの方が大きな体を持つが、その理由は前に述べたように、メスは多くの卵を作らねばならないからだ。体の大きなメスほど多くの卵を作ることができるため、大きな体を持つことが進化上有利となるのだ。

確かに、オスにおいても、体が大きくなればライバルオスとのけんかに勝つ確率は増加し、子を残すうえで有利となる。しかし、**大きな体を持つためにはコストも伴う**。たとえば、大きな成虫になるためには幼虫の期間を引き延ばさなければならない。成虫になるまで余分に時間がかかってしまうと、ライバルオスに後(おく)れを取り、交尾をめぐる競争に負けてしまうというリスクがある。ライバルオスとのけんかがそれほど頻繁に起こらない状況では、けんかに勝てるような大きな体は無用の長物となり、逆にコストとなってしまうかもしれない。これが、多くの昆虫でオスの体が大きくなるような進化が起こりにくい理由である。

しかしカブトムシでは事情が違っている。

カブトムシの成虫が利用する餌は樹液である。他の多くのコガネムシが利用する、木や草の葉のような餌に比べ、糖分(とうぶん)を多く含む樹液はエネルギー効率のいい優れた餌である。しかし、膨大な量が存在し、いつでも手に入る木や草の葉と異なり、樹液場はとても希少価値が高い。**樹液という競争的な資源を獲得し、餌(およびそこを訪れるメス)を占有(せんゆう)するためにはけんかして勝ち取らなければならない**。けんかに勝つためには体が大きければ大きいほど有利である。[1] また、長い角を実際に使いこなすには、十分な力を生み出すための大きな体が必要になるだろう。

つまり、カブトムシのオスでは、体を大きくすることで、それに見合う十分な利益が得られるのである。結果として、大きな体を持つような性質が進化したと考えられる。

11

【角の大型化はなぜ起きた?】

角から読み解くカブトムシの急速な進化

▼オスが大きな角を持つのはなぜ?

カブトムシ亜科に最も系統的に近いグループであるスジコガネ亜科や、カブトムシ亜科の小型種の多くがそうであるように、原始的なカブトムシの体サイズは、オスの方がメスよりも小さいか、同じくらいの大きさで、またオスは角を全く持たなかったと考えられる。日本のカブトムシをはじめとした大型種に見られるオスの角は、比較的短期間でより長いものへと変化し、形状や本数、生える位置なども驚くほど多様化した。それと並行してオスの体も巨大化し、メスとオスの体サイズの関係が逆転した。これほど革新的な進化はどのようにして起こったのだろうか。

◎オスの角の進化イメージ図
原始的なカブトムシのオスは、他の昆虫と同じようにメスより体が小さく、角も持たなかったと考えられる。角が進化したことで体のサイズも巨大化し、メスと体のサイズが逆転した。

まず、武器の進化における重要な前提として、「父親の武器の大きさが息子に遺伝する」というものがある。武器を持ついくつかの甲虫で、武器の大きさが息子に伝わることが分かっている。

たとえば、糞虫（ふんちゅう）のタウルスエンマコガネ（*Onthophagus taurus*）では、体の大きさに対して大きな武器を持つオスを選抜して、その子孫を交配させるという実験が行われた。この操作を7世代続けて行うと、ランダムにオスを選んで交配させていったグループに比べて、体の大きさに対して大きな角を持つ集団が進化した。[2] 逆に小さい角を持つオスを交配していくと、小さい角を持つ集団が進化した。つまり、この虫では、体に対して小さい、あるいは大きい角を持つような個体を有利にする力が集団に対してはたらけば、角のサイズの進化が起こりうるということが分かる。実際にこの虫では、新たな生息地へ人為的に移入されてわずか約40年（80世代）で、集団の角の大きさがはっきりと変化していることが報告されている。[3]

また、メタリフェルホソアカクワガタ（*Cyclommatus metallifer*）では、父親の大顎の相対的な大きさが息子へ遺伝することが示されている。[4] これらのことから、武器の大きさが息子に伝わるという仮定は、一般的に正しいといってよいだろう。

▼けんかのための武器は急速に進化する

大きな体や武器のような闘争に関わる形質の進化には、生存に関わるような形質（たとえば餌(えさ)を得るための形質、敵から逃げるための形質、あるいは厳しい温度条件を耐え抜くための形質）の進化とは決定的に異なる点が一つある。それは、**ある個体の残す子の数が、同じ集団中の他の個体がどのような形質を持っているかによって変化する**という点である。

たとえば、カマキリの持つ前脚は、生きた昆虫を確実に捕(と)らえられるよう、その名の通りカマのような形へと特殊化している。特殊な前脚を持つことによるある個体の残す子の数は、まわりのカマキリがどのような前脚を持っていようと変化しない、絶対的なものである。あくまでも、その個体の持つ前脚の形状の特徴により、餌をとる効率が規定され、前脚の形状に対して淘汰がはたらく。そして、餌を採るために十分最適化されてしまえば、前脚の形状の進化は停止する。

一方、けんかのための武器はそうではない。ある個体がもし優れた武器を持っていたとしても、集団中の他の多くの個体がより洗練された武器を持っているのならば、その個体はほとんどのけんかで敗れ、子を残すことができない。つまり、集団中での相対的な立ち位置が個体の繁殖成功において重要であり、集団の中でトップに立った者のみが成功を収めるのである。

集団全体における武器の大きさの平均値が上がるにつれ、オスが戦いに勝つための条件は厳しくなる。そのため、武器のような形質は、集団の他個体よりも大きいものを、さらにその中でまた大きいものを、というように、正のフィードバックがかかり、世代を経るにつれて急速に誇張化されてゆく。

このようなプロセスを、国家が他の国に対抗してどんどん軍備を拡張していくのになぞらえ、**進化的軍拡競争**と呼ぶこともある。大型のカブトムシに見られる巨大な武器や体は、その

ヘラクレスオオカブトの角

ようなプロセスを通して進化したと考えられる。また、大型のカブトムシの仲間では、角の形状、数、位置などが種によって全く異なっているが、これは同種のオスとの戦いに特化するように洗練されていった結果であろう[5]。

武器は、その大きさのわずかな差が、けんかの勝率ひいては残せる子どもの数に大きな違いをもたらすことが多い。最も強いオスが〝ひとり勝ち〟して交尾を独占するという状況が起こりやすいのだ。

野外調査によると、ある集団において、カブトムシのオスの7割以上は一度もメスと交尾することなく生涯を終える一方で、集団の中で最大級のオスの中には12匹のメスと交尾したものも見られたという[1]。このような場合、

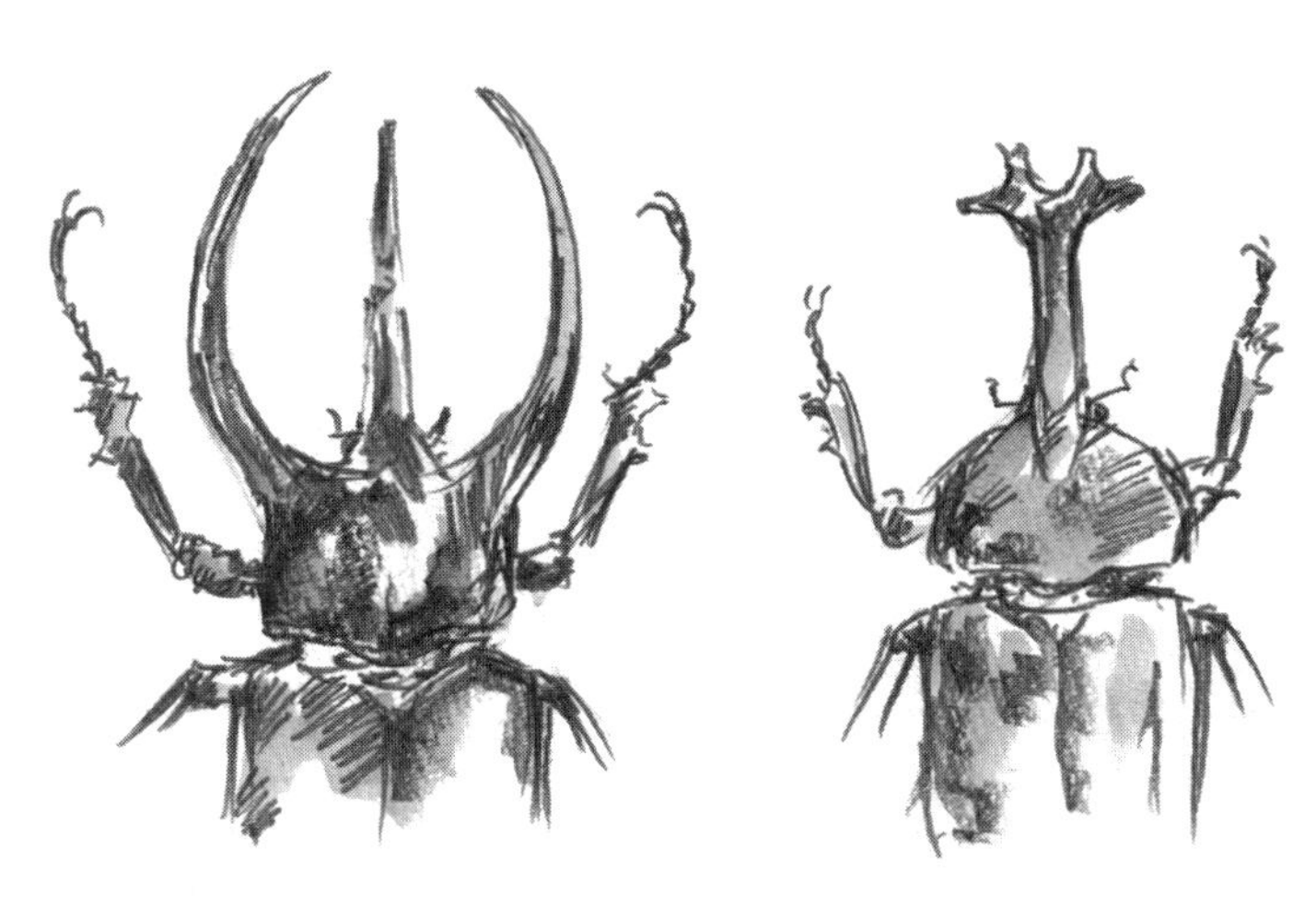

コーカサスオオカブト（左）とカブトムシ（右）の角

武器の大きさにはたらく進化の力は、生存に関わる形質にはたらく進化の力よりもずっと強力である。

オスは、大きな武器がたとえ敵に見つかりやすくなるなど生存に多少不利になったとしても、それを顧（かえり）みず武器に対して自らの資源を投資する。武器を持つことによる生存上のコストがあまりに大きくなり、けんかに勝つという利益を上回るようになると、そこでようやく武器の巨大化は停止する。

これが、カブトムシの角と体が大型化した理由だと考えられる。熾烈（しれつ）なオスどうしの競争があったからこそ、カブトムシのあの美しいフォルムは生まれたのである。

12 【角の役割を探る】カブトムシの角は本当に武器？

▼カブトムシのけんかのおきて

ここまで、カブトムシの角はけんかのときに用いられる武器であると説明してきた。しかし厳密にいうと、角は常に武器としてだけに利用されるわけではない。角がどのように使われるかは、カブトムシのけんかの〝おきて〟と深く関係している。

カブトムシをはじめとした武器を持つ動物たちは、無秩序に戦っているわけではなく、**一定の順序に沿ってけんかを行う**(6)。2匹のカブトムシが樹液場で出会うと、まずは互いに頭を下げ、角を重ね合わせるようにして、軽く角を突き合う。このとき、オスどうしはお互いの角の長さを比べている。

けんかするカブトムシのオス

角は肉眼ではツルツルしているように見えるが、電子顕微鏡で観察すると表面に、感覚毛と呼ばれる細かい毛が無数に生えている。この感覚毛の動きにより、相手の角が当たっていることを感知する。とりわけ、角の突き合わせの際に相手の角と接触することの多い角の先端付近には感覚毛の密度が高いことが知られている。[7] **角は長さを測るための定規のような役割が備わっている**のである。

角の長さ比べのステージで両者の角の長さに明確な差がある場合、短い角を持つ方の個体はその場から逃げるので、けんかがそれ以上エスカレートすることはない。短い角を持つ個体はたいてい体の大きさも小さく、それ以上けんかを続けても自分に勝ち目がないことは明らかであるためだ。つまり、角は武器ではなく、自らのけんかでの〝実力〟を示す信号としてはたらいている。

▼思ったより地味な戦い

しかし、角の長さ比べの段階でそれほど両者に差がないとき、けんかはエスカレートして次のステージへ移行する。そこでは、角を互いの体の下に入れ、相手を木から引きはがそうとする。つまりここで初めて角が〝武器〟という道具としての機能を持つことになる。しばらく押し合う状態を続けたのち、片方のオスが逃げ出すことでけんかの決着がつくか、そうでなければ、最終的に片方のオスが相手を投げ飛ばすことでけんかが終了する。

多くの人は、カブトムシのけんかと言えば、派手な投げ飛ばしを想像するだろう。ところが、野外において多数のけんかを研究者が観察し、解析した結果、6割近くのケースでは、最初の角の突き合わせの段階で勝負がついてしまうことが分かった。**投げ飛ばしに至るケースは、全体のケンカのうちわずか2割程度であった**(1)(日本語の詳細な解説は(8)を参照)。

カブトムシでは、けんかがエスカレートするにつれ、角が折れたり体に傷がついたりするリスクが、けんかに参加する両者ともに高くなる。できるのであれば、平和的な方法で早くけんかを終わらせることが、お互いにとって有益だろう。確かに、カブトムシの頭部と胸部の角は、同種の相手を挟んで投げ飛ばすために実に機能的な構造をしており、進化の過程で実用的な武器として洗練されてきたことは疑いようがない[5]。しかし、カブトムシの角の進化を考えるうえでは、信号としての側面も決して無視できないのである。

▼見栄っぱりなオスは痛い目をみる

ところで、角が信号として進化するためには、重要な前提が存在する。それは、**角の長さが個体のけんかの強さを正直に表している**ということである。体が小さくけんかに弱いのに、それに不釣り合いな長い角を持つことで、自分の力を〝フェイク〟する個体が現れたら、けんかの初期の〝角の突き合わせ（長さ比べ）〟が意味をなさなくなり、そのようなシステムそのものがやがて崩壊してしまうはずだ。しかし、実際にはそうなっていない。これは、何らかの理由により、角の信号としての正直さが担保されているということを意味している。では、その理由とはいったい何なのだろうか？

考えられるものの一つは、自分の角の長さをフェイクするオスは、もしけんかがエスカレートしたときに、自分の実力が暴かれ、投げ飛ばされてけがを負ってしまう可能性が高い

◎オスのけんかの流れ

1. 頭を下げ、角を重ね合わせるようにして軽く突き合い、角の長さを比べ合う。

2. 角が短い方がその場から逃げるが、長さの差が小さい場合はけんかに。

3. 角を互いの体の下に入れ、木から引きはがそうと押し合いになる。

4. 相手が逃げるか投げ飛ばすかで決着。

ということである。

角の長さ比べのステージでは、オスどうしは厳密に互いの角の長さを判断しているわけではない[9]。ときには、自分よりも少しだけ短い角を持つオスが、ひるまずに応戦してくる場合もある。そのようにして肉弾戦に発展したとき、分不相応な長さの角を持つオスは負けてしまうだろう。彼らは体が小さく、武器を使いこなすだけの実力を持たないからだ。つまり、**嘘をつくオスは罰せられる**のである。

また、角の突き合わせのステージでは、相手の角の長さだけでなく戦闘能力そのものも査定している可能性がある。角の長さを誇張して宣伝したオスは、角を突き合せた段階で嘘が見破られ、弱いオスであると見抜かれて肉弾戦を頻繁(ひんぱん)に挑(いど)まれてしまうかもしれない。

これ以外にも、オスが角の長さをフェイクできない理由として、角の生産にコストがかかるから、というものが考えられる。自分の持つ資源のうち、一定よりも多くの割合を角へ投資してしまうと、より重要な他の器官へまわすはずの資源が割を食い、生きていくのさえままならなくなる、ということである。この可能性については次の項で詳しく検討することにしよう。

13

【大きな角ができるまで】

角は低コストでつくられる？　角生産に関する謎

▼角の生産にかかるコスト

カブトムシの角は体に対してかなり大きく見える。そのような大きな角を作るためには多くのコストがかかっていることが推測される。この推測は正しいのだろうか？　またどのようにしたら検証できるのだろうか？

カブトムシがたくさん採集できたら、大きさの違う個体を並べてその形をよく見比べてみてほしい。おもしろいことに気づくはずだ。小さい個体は大きい個体をただ縮小しただけの形（相似）になっていないのである。カブトムシを見慣れている人にとっては当たり前かもしれないが、これはよく考えてみると不思議なことである。たとえば同じ種類のセミやチョ

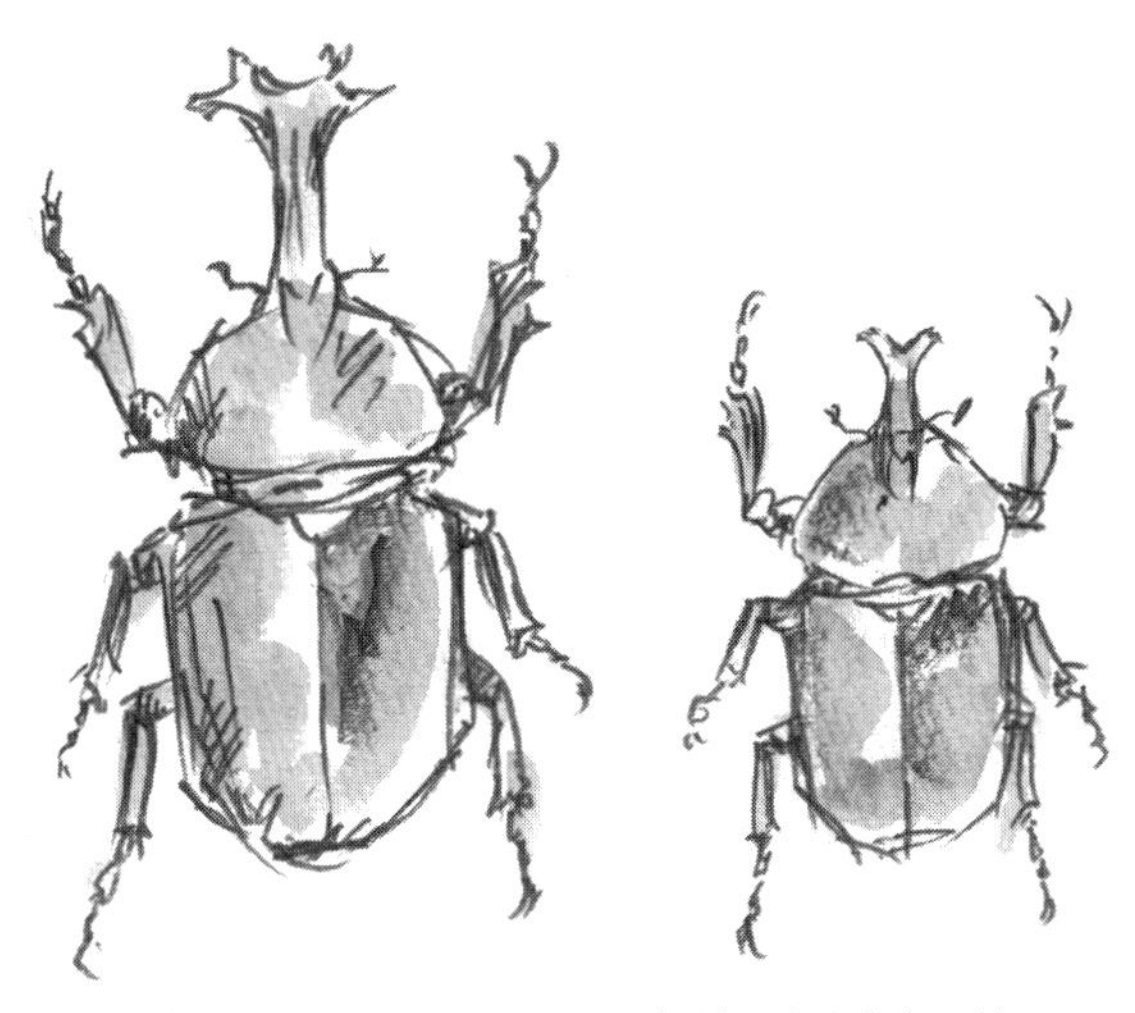

大小のオスカブトムシ。体が大きなオスは極端に大きな角を持つのに対し、体の小さいオスは極端に小さな角を持つ

ウをたくさん集めても、このような極端なパターンにはならないはずだ。

カブトムシが相似形になっていないように感じる理由は、体に占める角の大きさの割合が違っているからである。普通、翅（はね）や脚などのほとんどの器官は、体の大きさに比例して大きくなる。たとえば、体の大きさが2倍なら、それらの器官の大きさも2倍となる。一方、角はそうではない。**体の小さいオスは極端に小さい角を持ち、反対に、体の大きなオスは極端に大きな角を持っている**。体の大きさが2倍になると、角の大きさは2倍よりもずっと大きくなるのである。このようなパターンは、動物全般で見ると、けんかで用いる武器や、メスへの求愛のときに用いられる器官、つまり配偶者の獲得のために用いられる器官に特異的に現れる。なぜそれらの器官は、体の大きさに対して急激に大きくなるのだろうか?

配偶者の獲得に使われる角などの器官は、人間でたとえるなら、車やデザートのような**〝ぜいたく品〟**である。なくても生活できなくなるわけではないが、生活に余裕があるならば多く投資すべきである。そのぶん多くのメスを獲得でき、自分の子を残すチャンスが増えるからだ。一方、翅や脚などの器官は、敵から逃げたり餌(えさ)を探したりするうえで必要不可欠である。そこへの投資を惜しむと、生存そのものが怪しくなる。

カブトムシの話に戻ると、成虫の体の大きさは、幼虫のときにいかにいい餌を十分に食べられたかでおもに決まる(第3章参照)。体の小さい個体は角へ回すエネルギーの余裕がないので小さい角しか作ることができないが、幼虫のときに十分な餌を食べられた個体は、エネルギーの余裕がたっぷりあるので、けんかに勝つために、できるだけ大きな角を身につけようとするのである。つまり、体の小さいオスが極端に小さい角を持ち、体の大きなオスは極端に大きな角を持つというパターンそのものが、角の生産にコストがかかることを暗に示しているといえるわけだ。

◎カブトムシは角をつくるのにどのくらいのコストが必要？

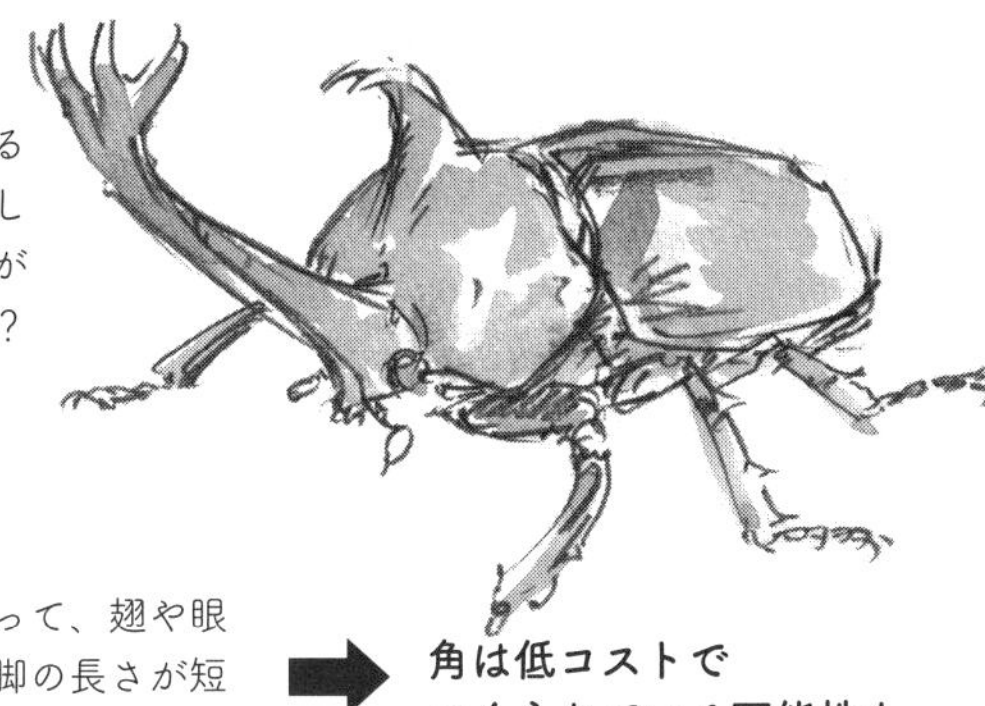

仮説
角の大きさを追求するためにコストを費やしたことで、他の器官が小さくなったのでは？

検証結果
角が大きいからといって、翅や眼が小さくなったり、脚の長さが短くなったりしたわけではなかった。

➡ **角は低コストでつくられている可能性も**

▼角生産のコストは意外に小さい？

では、そのコストをもっと直接的に、別の角度から示すことはできないだろうか？一つの方法は、角と他の器官の間の資源投資に関する**トレードオフ**を見つけることである。トレードオフとは、一方を追求することで他方が犠牲になるという関係のことである。

体の大きさに対して大きい角を持つと、他の器官が割を食って小さくなってしまうかもしれない。この仮説を検証するためある研究者が、体の大きさの違いを統計的にコントロールしたうえで、角と他の器官の間にトレードオフがあるかを検証した。

その結果、予想に反し、角の大きさと翅(はね)の大きさ、眼の大きさ、あるいは脚の長さとの間に負の関係は検出できなかった[10]。筆者らのグループも、蓄えている脂肪の量と角の大きさとの間の関係を調べたが、やはり**トレードオフは検出できなかった**。

角を持つ糞虫（エンマコガネ属）では、大きい角を持つ個体ほど、角に隣接する器官である眼や触覚のような器官が小さくなることが知られており[11]、カブトムシと事情が異なっているようだ。

カブトムシでトレードオフが見られなかった理由は定かではないが、角を作ることのコストが意外に小さく、トレードオフを検出できなかったという可能性が考えられる。**巨大に見えるカブトムシの角だが、重量にすると実は体の1.5%程度しかない**。角への投資は、カブトムシにとって、我々が予想するほど大きな負担にはなっていないのかもしれない。

▼大きな角は邪魔ではない？

ここまでは角の生産のコストに焦点を当ててきた。では、大きな角を身につけて生活することはコストにならないのだろうか？

たとえば、エンマコガネの1種オンソファガス・ニグリベントリス（*Onthophagus*

nigriventris）では、狭い巣穴の中で長い角が邪魔をして、敏捷（びんしょう）に動くことができない[12]。また、メタリフェルホソアカクワガタでは、オスの巨大な大顎とそれを支えるための重い筋肉のせいで、歩行中の体のバランスが不安定になりやすいことが分かっている[13]。

しかし残念なことに、カブトムシにおいては、角が歩行や飛行に与える影響については今のところよく分かっていない。角の重さ自体が軽いとはいえ、重心が変わって歩行に影響を与えたり、空気の乱れを生むことで飛翔効率を下げている可能性は十分考えられる。

大型オスと小型オスでは飛行速度に大きな違いがないことは分かっているが[14]、大型オスはコストを何らかの形で補っているため、コストが検出できなかった可能性も考えられる。角が移動能力に与える影響をきちんと評価するためには流体力学的な解析が必要となるだろう。

14

【小さなカブトムシの生き方】
小型カブトムシの生き残り戦略

▼小さいオスは損をしてばかりなのか？

カブトムシでは、直感的に予想される通り、小さいオスよりも大きいオスの方が、子を残すうえで圧倒的に有利である。

先ほども紹介したある野外調査によると、大型、小型を問わず、7割以上のオスが一度もメスと交尾することなく生涯を終えていた。しかし、小さいオスの中に生涯で2回以上交尾したものはほぼいなかったのに対し、大型オスのうち1割程度が2〜12回の交尾を行っていた。[1] 大型オスだからと言って成功する保証はないが、**小型のオスに生まれてしまうと大成功を収めることは不可能**である。

もちろん、小さいオスは自ら選んで小さくなったわけではなく、幼虫のときの餌条件(えさじょうけん)が

大型カブトムシと小型カブトムシのイメージ図

悪かったなどの理由から、やむを得ず小さい体のまま成虫になっただけである。それでも、小さいオスも小さいなりになんとかその不利な状況を打開しようとしている可能性が示されている。

野外で採集したカブトムシの体表を丹念に観察すると、鞘翅（しょうし）や前胸部などに小さな穴が空いていることがある。これはけんかの際、他のオスに角で突きまわされることでできた傷である。激しいけんかに巻き込まれたのか、ときには角の先端が欠けていたり、角が途中から折れてしまっている個体もいる。この傷を調べると、どのような個体がよりけんかを行っているかを推測することができる。

体の大きさとの関係を調べると、体が大きい個体ほど傷がついている確率が高いことが明らかとなった。[プロローグ(1)] つまり、**体の小さい個体は、戦いを挑んでも負けてしまう可能性が高いため、戦いを避けるような行動をとっていると考えられる**。では小型のオスはどのようにしてけんかを避けているのだろうか？

解決策の一つは、時間的な〝すみわけ〟である。カブトムシの大型のオスと小型のオスでは樹液場にやってくる時間が違うことが知られている。[プロローグ(1)] 大型のオスは深夜0時から3時ごろに樹液場での個体数が最大となる。ちょうどメスの活動が最も盛んな時間帯であり、大型のオスもそれに合わせているようだ。

一方、小型オスはその少し前、22時から0時ごろに樹液場での個体数が最大となる。これは、大型オスとの戦いを避けるための行動であると解釈できる。小型オスが現れる時間帯はメスもまだ少ないが、大型オスとけんかになるよりはマシなのである。ちなみに、クワガタムシなどでは、小型の個体と大型の個体で季節的な出現パターンが異なるものも知られているが、カブトムシの場合は、小型のオスも大型のオスも同じ時期に出現するようだ。[1]

また、カブトムシの小型オスは、体の大きさに対して大きな後翅を持っていることが知られている。[14] 先ほど述べたように飛翔速度は小型オスと大型オスで変わらないものの、**飛ぶた**

樹液場間を転々と移動する小型カブトムシのイメージ図

めに使うエネルギーは小型オスの方が少なくすむ可能性が高い。さらに、野外で採集したカブトムシに標識したのち放し、再捕獲率を調べると、小型オスの方が再捕獲率が低いことが分かっている[15]。

これらのことから、大型オスは特定の樹液場に腰を落ち着け、そこにやってくるライバルオスとけんかをしながら、メスを獲得しようとするのに対し、小型のオスは、樹液場間を転々と移動しながら、できるだけ大型のオスがいないような場所を探していることが推測される。

ただし、それを否定するような研究結果も存在し[プロローグ(2)]、小型オスの繁殖（はんしょく）戦略の解明には今後のさらなる研究が必要である。

▼目立たないからこそ生き残れる

最後に、小型オスが思わぬ形で得をしている、ということを明らかにした筆者らの研究について紹介したい。[1章(7)]

1章で述べたように、関東地方の樹液場におけるカブトムシのおもな天敵は、タヌキとハシブトガラスである。それらの天敵はカブトムシの最もおいしい部分である中胸部から腹部のみを食べ、上半身の部分は食べ残す。このような習性のおかげで、残骸(ざんがい)の形態から、食べられた個体の情報が得られる。拾い集めた残骸と、まわりで採集した生きている個体の形態を比較すれば、捕食に遭いやすい個体の特徴が分かるのではないかと、筆者らは考えた。

つくば市の雑木林で、夏の間に数百の残骸を拾い集めた。それと同時に、入ったら出られない特殊なトラップを使って生きたカブトムシを採集した。樹液場などの餌場で採集すると、何時ごろに採集するかで小型オス、大型オスやメスの割合が変わってしまう恐れがあるが、トラップを使えば、一度入った個体は二度と外に出られないため、その雑木林に生息する小型オス、大型オス、メスの割合を高い精度で推定できるのである。

調査の結果、トラップで捕(つか)まえられた個体の性比はほぼ1：1だったのに対し、回収された残骸のうちの約3分の2がオスだった。また、オスもメスも、トラップで捕まえられた個

筆者が調査時に回収したカブトムシの残骸

体に比べ、残骸の方が明らかに体が大きかった。つまり、**メスよりもオス、小さい個体よりも大きい個体の方が食べられやすい**ということである。

実は同じようなパターンが過去に岐阜県の雑木林でも確認されている[15]。小さい個体は頭まで全部食べられてしまうので残骸が残りにくいのではないかという可能性も考えられたため、野生のタヌキやハシブトガラスに、さまざまな大きさのカブトムシを与えるという実験も行った。しかし、いずれの捕食者も、小さいカブトムシを与えられた場合でも、必ず頭部と前胸部を食べ残すことが分かり、この可能性は否定された。

赤外線撮影用の機材

なぜ大型のオスが食べられやすいかについては不明だが、いくつかの可能性が考えられる。

まずは何といっても、目立つということが挙げられる。特にタヌキは目がかなり悪く、撮影された映像からも、探るようにしてカブトムシを見つけ出している様子が見て取れた。そのような捕食者にとっては、オスの持つ大きな角はいい〝目印〟になってしまうかもしれない。

また、大型オスはメスを探して樹液場の周りを徘徊する習性があるが、このような行動も捕食者の目に留まりやすい可能性がある。

他の可能性として、大型オスは樹液場

に長時間居座るから、捕食に遭う確率が高くなるということも考えられる。小型オスは樹液場の間を飛び回っている時間が相対的に長いのであれば、樹液場で捕食に遭う確率は下がるはずである。

理由については今後さらなる研究が必要だが、小型のオスは大型のオスよりも結果的に捕食に遭いづらくなるということは間違いなさそうだ。

コラム② 昆虫のオスの武器はどのような条件で進化するのか？

▼オスの武器の多様性を探る

オスがけんかのための武器を持つ昆虫はカブトムシだけではない。樹液に集まるクワガタムシは代表的なものの一つである。

また、犬や鹿の糞をひっくり返すと現れるエンマコガネの仲間も、体の大きさは1㎝に満たないものも多いが、よく観察すると、カブトムシと同じようにオスの頭部に角が見られる。ヤンバルテナガコガネをはじめとするテナガコガネのオスに見られる極端に長い前脚も、けんかの際に用いられる武器である。

このように、武器は甲虫の進化の歴史の中で何度も繰り返し獲得されてきた。そして武器の構造も、頭部や胸部の角、肥大化した大顎、前脚、後脚、あるいは長く伸びた頭部など、種によってさまざまである。

しかし一方で、武器を持つ甲虫は全体のほんの一部である。たとえば、カブトムシ亜科に最も系統的に近いグループであるスジコガネ亜科には、武器を持つものは極めて少ない。このような多様性はなぜ生じるのだろうか？本コラムではカブトムシから少し離れ、昆虫

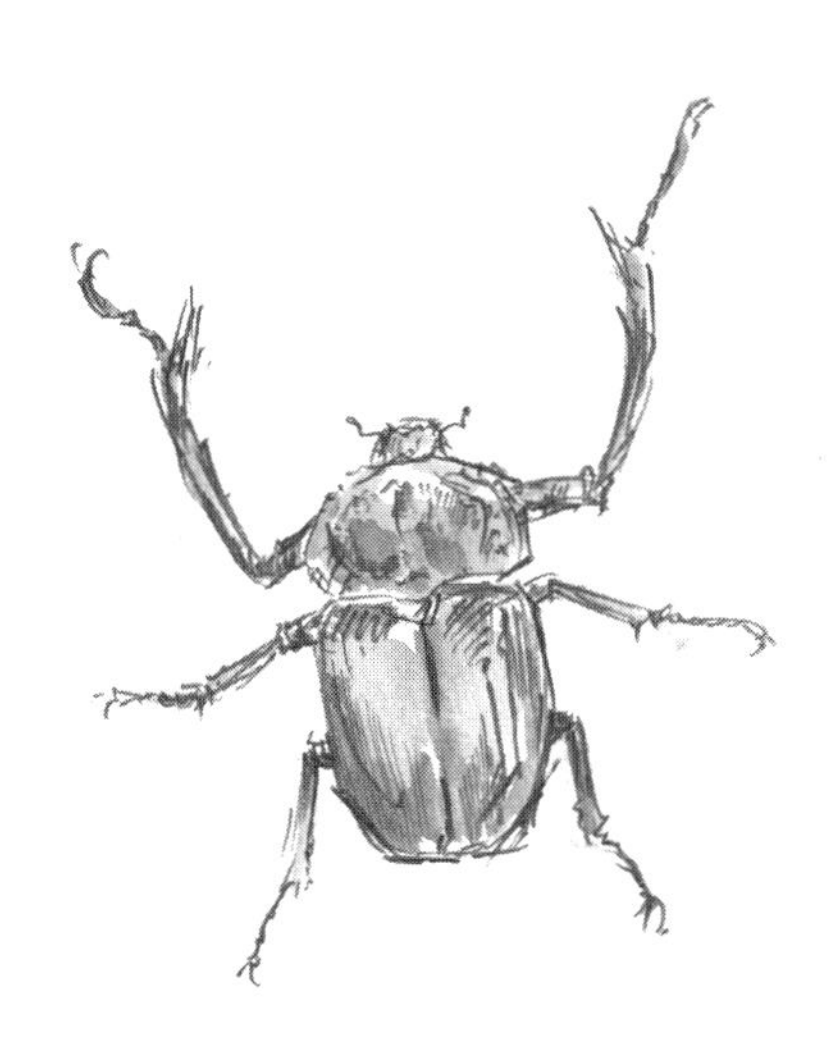

ヤンバルテナガコガネ。長い前脚がけんかの際に武器として使われる

全般を見渡したとき、武器はどのような条件で進化するのかについてみてみよう。

▼武器は資源を奪い合うために進化した

　武器を作るにはコストがかかるため、戦わなければならない状況があまり生じなければ、武器を持つ意味はあまりない。逆に、頻繁にけんかが起きるような状況であれば、大きな武器は進化しやすいはずである。

　けんかの起きやすさは、餌の特性と強く関係している。樹液や糞、死体などはとても競争的な資源だ。予期できない形で突然現れることが多く、においにおびき寄せられて多数の個体が我先にとそこへ集まってくる。しかし1カ所の資源の量は、彼ら全員を賄うにはたいてい十分ではない。その結果、資源をめぐる激しいけんかがおこる。

クヌギ林にカブトムシやクワガタムシを採りに行ったら、樹液場でぜひ目を凝らして、普段は〝脇役〟である小さい昆虫にも注目してみてほしい。武器を持った昆虫がたくさん見つかるはずだ。

たとえば、ヨツボシケシキスイという、背中に四つのオレンジ色の斑を持つ体長1㎝ほどの甲虫が群がっているのが見つかるだろう。オスはメスに比べて大きな非対称の大顎を持ち、さかんにけんかを行う。まさにクワガタムシのミニチュアのような甲虫である。また、昼間であれば、手足が異様に長い大型のハエが、前脚を広げながら戦っている様子も観察できるはずだ。これはヤセバエと呼ばれるグループで、オスはメスよりも長い前脚と大きな体を持つ。カブトムシ、クワガタムシをはじめ、樹液に訪れる昆虫の中に、オスが武器を持つ種が多く見られるのは偶然ではないのである。逆に、草や木の葉を食べる昆虫では、資源の奪い合いが起こりにくいので、武器はほとんど進化しない。また、トンボやカマキリのような肉食の昆虫では、けんかをして資源を奪い合うよりも自らの力で獲物を捕らえる方が効率がよいため、けんかのための武器は進化しにくい。

▼一対一の戦いで武器は進化する

もう一つ、武器が進化するうえで重要な条

ヨツボシケシキスイ。オスはクワガタムシのように大顎でけんかをする

件は、一対一の〝フェア〟な戦いが起こるということである（日本語の詳細な解説は（1）を参照）。複数の個体が入り乱れて戦うと、個体の陣取った位置など、結果は偶然性に左右されやすくなり、強い個体（大きな武器を持つ個体）が勝つとは限らない。

一方、一対一の戦いの場合、勝者を予想するのはたやすい。より大きな武器や体を持つ個体がけんかにおいて有利となり、配偶相手を多く獲得することができるのである。

では、一対一の戦いが起きやすいのはどのような生態を持つ種だろうか？　一対一の戦いは、3次元よりも2次元、2次元よりも1次元的な空間でより起こりやすくなる。なぜなら、ライバルオスがやってくる方向が限定されるからである。
一次元的な空間の典型的なものは、トンネルである。ダイコクコガネ亜科のエンマコガネの仲間は、糞の下につがいでトンネルを掘り、オスは巣の入り口でライバルオスが巣穴へ侵入してこないように見張っている。ライバルオスが巣穴に侵入してくると、角を使って互いの体を押し合うようにしながら巣穴の中でけんかを行う。巣穴には1匹しか入るスペースがないため、必然的に戦いは一対一となる。また、カブトムシ亜科においても、サイカブトやヒメカブトのようにサトウキビなどの植物の中にトンネルを掘る種が存在する。彼らもおそらくトンネルの中でけんかを行うと考えられる。

トンネルだけでなく、細い枝も一次元的な空間である。亜熱帯や熱帯に生息するカブトムシの仲間には、細い枝の樹皮を削りながら樹液を吸う種が多く存在する。これは、細い枝は樹皮が薄く、容易に傷つけることができるからかもしれない。たとえば、タテヅノカブト、ゾウカブト、ゴホンヅノカブトなどは細い枝の上で戦うことが知られており、彼らの長い前脚や長い角はそのような性質と関連して進化した可能性が高い。日本のカブトムシのように、比較的二次元に近い空間（クヌギの樹液場）で戦うにもかかわらず大きな武器が進化することもあるが、他の条件が同じであれば、けんかが起こる場所の空間構造は武器の進化に強く影響を与えることが多い。

第3章

大きな成虫に育つための条件

15

【幼虫の成長スピード】

カブトムシの幼虫の独特な成長パターン

▼幼虫の大きさにばらつきがあるのはなぜ？

野外のある場所からカブトムシの成虫をたくさん集めてくると、体の大きいものから小さいものまで、雌雄（しゆう）ともにそのばらつきの幅（はば）がとても広いことが分かる。メスの極小個体は、コフキコガネなどのコガネムシと見間違えるほどである。

まず、オスとメスで体の大きさが違う。**オスの方が体重にして約1・4倍メスよりも重い**。しかし、その差は地域によって異なっており、場所によってはオスとメスの体サイズの平均値にそれほど差がないようなこともある。

また、同じ場所でも翌年（次の世代）になると、採集できる個体の大きさががらりと変わ

土中にいるカブトムシの幼虫のイメージ図

ることもある。カブトムシの愛好家から、「今年は去年に比べて小さいカブトムシばかり採(と)れる」などの苦情（?）もしばしば聞かれるが、そのような現象は筆者の調査地でも頻繁(ひんぱん)に見られる（もちろん、逆のことも起こる）。さらに、互いに数kmしか離れていないような二つの雑木林でも、採れるカブトムシの大きさが全く異なるということもある。

このような、集団内や集団間における体の大きさの変異は何によってもたらされるのだろうか？　この疑問を明らかにするため、本章では幼虫の成長と成虫の体サイズの関係に焦点を当てることにする。他の昆虫には見られない独特の生態を持つことが、分かってくるはずだ。

▼幼虫は急速に成長する

カブトムシを幼虫から飼育すると分かるが、幼虫の初期の成長速度は非常に大きい。孵化(ふか)したときにはわずか40㎎しかなかった幼虫は、大量の餌(えさ)を消費しながらあっという間に巨大化し、孵化して3か月ほどでほぼ最大の体重（メスは約22g、オスは約32g）に達する。

その後、幼虫の体重は小さな増減を繰り返すものの、蛹(さなぎ)になるまでの7か月間ほぼ変わらずに維持される。これまでよく研究されてきたチョウやガ、ハエをはじめとする多くの昆虫は、最大体重に達すると直ちに蛹になることを考えると、カブトムシの幼虫の成長パターンはユニークであり、非常に興味深い。

カブトムシに見られる独特の成長パターンには、後述するような、1年1化（1年に一世代）であるという**季節的・時間的な制約が関わっている可能性が高い**。あるいは、地上で生活するチョウやガの幼虫は絶えず寄生バチや鳥に狙われており、無防備な幼虫の期間を一刻でも早く終わらせる必要があるのに対し、カブトムシの幼虫が暮らす地中は相対的に言えば安全性が高く、すぐに蛹になる必要はないのかもしれない。同じく地中や木の中で成長するカミキリムシやコガネムシの仲間も、幼虫期間が比較的長い傾向にある。

▼オスとメスの体サイズの差はいつ現れるか

では、体重の性差はいつ、どのようにして生じるのだろうか？　カブトムシのブリーダーは、**3齢幼虫になってから2か月ほど（孵化後約90日齢）で体重を測れば、ほぼ確実に幼虫の雌雄を分けられる**ことを知っている。この時点で25gより小さいものはメス、大きいものはほとんどオスである（それ以外の雌雄の識別方法も存在するがここでは割愛（かつあい）する）。つまり、体重の性差はそれまでの間のどこかで生じるのである。その具体的なプロセスが近年明らかになりつつあるので、ここで紹介しよう[1][2]。

孵化した時点では体重の性差はほぼ存在しないが、実は1齢幼虫の終わりになると、オスの方がメスよりも1割ほど平均体重が重くなっている。雌雄の体重分布は大きく重複しており、体重から雌雄を判断することはできないが、体重差は齢を重ねるごとに開いていく。

2齢が終わるころにはオスはメスよりも20%ほど平均体重が重くなり、3齢幼虫の初期でさらに差は開いてゆく。そして3齢になってから約2か月後に、1.4倍という性差がほぼできあがるのだ。オスがメスよりも成長速度が大きいために、このような差が生じるのだと考えられる。

▼体の大きさは幼虫時の餌条件で決まる

では、野外において成虫の体サイズのばらつきはどのように生じるのだろうか？　他の昆虫と同じように、カブトムシは成虫になってから餌をたくさん食べても、体重は増えるが、体の大きさ自体が大きくなることはない。これは、成虫の体がクチクラという物質でできた堅い殻に覆われており、伸縮することが物理的に不可能だからだ。

成虫の体の大きさに最も強く影響するのは、幼虫のときの餌条件である。質の悪い餌の中で育てば小さい成虫にしかなれないし、逆に栄養たっぷりの腐葉土の中で育てば、巨大な成虫が羽化してくる。カブトムシを幼虫から飼育した人は、餌替えを忘れて放置していたら、通常よりもずっと小さな成虫が出てきたという経験があるかもしれない。

また、一つの容器にあまりにも多くの幼虫を入れて飼うと大きな成虫が得られなくなるが、これも、餌の質が劣化したためだと考えられる。幼虫は周りに餌がなくなれば自分や他個体の糞を再利用するため、餓死することはほとんどないが、餌の質はどんどん低下していくだろう。

野外では、牛糞を混ぜて発酵させた腐葉土やたい肥からは大きく育った幼虫が見つかることが多く、逆に、落ち葉や枯れ木のみが堆積してできた、より〝自然〟に近いような環境か

幼虫の餌となる腐葉土

らは、小さな幼虫が見つかることが多い。幼虫自身は、よりよい餌を探して他の餌場へ移動することは、体の構造上不可能である。そのため、母親がどのような場所に卵を産み付けたかが、幼虫の運命をほぼ決定づける。

第4章で詳しく述べるが、幼虫がより大きくなるためには、**発酵（はっこう）した餌が得られるかどうかが重要**である。落ち葉や木屑そのものには、幼虫の成長に必要な窒素源（ちっそげん）（たんぱく質）はあまり多く含まれていない。幼虫は腐葉土などに生息する微生物や、それらが固定（空気中の窒素を、細菌がアンモニアなどの窒素化合物へ変換すること）してできた有機物を食べることで、窒素源を得ている可能性が高い。

また、落ち葉を構成する繊維であるキシロースやセルロースのような物質は、糖の分子が無数に連なった構造をしており、幼虫にとっては利用するのが難しい。しかし微生物はそれらの物質を酵素によって糖や酢酸(さくさん)などの有機酸へと分解し、幼虫が消化・吸収しやすい形へと変えてくれるのである。

カブトムシの飼育用品も、こうした幼虫の性質を踏まえてつくられている。たとえば、市販のカブトムシマットは、廃材を砕いてふすまや酵母を混ぜてよく発酵させたものであり、幼虫の栄養源としてとても優れている。カブトムシマットを使って幼虫を飼育すると大きな成虫を得ることができるのは、そのためだ。逆に、十分に発酵させていないおがくずのようなものを使えば、(ほとんど需要はないだろうが)小さいカブトムシを得ることができる。

ちなみに、筆者らは実験的に幼虫の栄養状態をコントロールするために、質の悪い餌としてクワガタムシ用のマットを用いている。クワガタムシ用のマットとカブトムシ用のマットの比率を変えることで、さまざまな質の餌を作り出すことができるのだ。

ところで、興味深いことに、餌の質に対する反応はオスとメスで違っている。**オスの方が、メスよりも栄養条件に鋭敏に反応して体の大きさが変化する**のだ。その結果、質のいい餌で育ったときはオスの成虫の体重はメスの1・4倍ほどであるのに対し、質の悪い餌で育ったときは、体の大きさの性差はほぼ完全に見られなくなる。[3]

この理由はよく分かっていないが、大きな成虫になることで得られる利益がオスとメスで違っているからかもしれない。

一般的に、大きな成虫になるためには、羽化のタイミングが遅れる、免疫系が阻害(そがい)される、寿命が短くなるなどのコストが伴う。カブトムシのオスでは、体の大きさがけんかの勝率、そして残せる子の数に強く影響する。そのため、栄養条件がいい場合には多少無理をしてでも体を大きくする方が、生涯を通して見ると、子を残すうえで有利なのかもしれない。その結果、栄養条件に対する反応の性差が現れるのではないだろうか。

16

【季節と成長の関係】

大きな成虫になるための温度条件

▼季節の制約を乗り越える

餌条件(えさじょうけん)だけでなく、温度条件も成虫時の体の大きさに関係している。

幼虫は冬が近づき気温が下がってくると、餌をあまり食べなくなり、やがて成長が停止する。先ほども述べたように、カブトムシの幼虫は成長がとても速いため、冬が訪れる段階ですでにほぼ最大体重に達していることが多い。

ところが、母親の産卵の時期が遅れてしまった場合、あるいは気候不順でいつもよりも早く冬が訪れてしまった場合には、幼虫は十分に大きくならないまま成長を停止しなければならない。その後、春が訪れ成長できる気温になっても、そこから追い上げることは不可能で

冬が訪れるまでに大きくなれない幼虫は、大きな成虫になれない

ある[4]。つまり、**冬が訪れるまでにいかに大きく成長できるかが、大きな成虫になれるかどうかに関係している**のである。

　昆虫の中には、幼虫期間を年単位で引き延ばすことができるものも多く存在する。たとえば日本に生息する中型・大型のクワガタムシ科の多くは、1年1化（1年に1世代）を基本としているが、寒冷地の個体や餌条件の悪い環境で育った個体は幼虫期間が2年以上に及ぶ場合がある。カブトムシにより近縁なグループであるハナムグリの仲間でも同様の現象が観察される。

　しかし筆者の知る限りカブトムシではそのようなことは起こりえない。いかなる場所、いかなる場合も、野外では1年1化である。

理由は分からないが、**カブトムシは冬を経験した後気温が上がると、どんなに体が小さくても必ず一定期間後に蛹になるようにプログラムされている**。つまりカブトムシは1年で1世代という〝しばり〟の中で生活しているため、季節の制約を非常に強く受けてしまうのである。野外の成虫に見られる、個体群内・個体群間での大きな体サイズのばらつきは、根本的には、このような季節的な制約に起因すると言えるかもしれない。

▼寒い地域出身でも小さくはならない？

では、冬が長い高緯度地域のカブトムシは小さい個体ばかりなのだろうか？　予想に反し、東北地方から台湾まで、北から南までさまざまな地域でカブトムシの成虫を採集して体の大きさを比較しても、緯度と体の大きさとの関係はそれほど明確には見えてこない。冬が長いはずの北日本でも、場所によっては体の大きなカブトムシが採集できるのである。

長年不思議に思っていたが、最近になってその理由が分かってきた。筆者らは、青森から台湾まで、15か所以上の地域から採集したカブトムシのメスから卵をとり、孵化（ふか）幼虫を25℃に保った同一の環境で飼育して、幼虫の体重の変化を調べた。共通環境で飼育することで、

研究室で飼育中の幼虫たち

環境条件を統一し、それぞれの地域集団が持つ遺伝的な特性を知ることができるからだ。

この実験は、1000匹以上もの幼虫にそれぞれ名前をつけて個別飼育し、5日おきに体重を計測するという過酷なものだったが、学生たちの協力のおかげで1年近くに及ぶプロジェクトを遂行することができた。

苦労のかいあり、そこから面白い発見が得られた。**高緯度地域の個体群の幼虫ほど、初期の成長が速かった**のである。そして、自然分布の北限に近い地域である東北地方では、メスは孵化してから40日、オスは60日くらいで最大体重に達し、早々と成長を切り上げていた。つまり、寒冷地の幼虫は遺伝的に成長速度が大きいため、冬が訪れる前に十分な大きさにまで成長できるのである。

逆に、沖縄や台湾のカブトムシの幼虫は、とてもゆっくりと成長する。その結果、彼らが最大体重に達するのは、孵化後120日以上経ってからである。これらの地域では冬が短く、成長に使える時間はたっぷりある。だから、焦って成長する必要はないのだろう。

先に述べた通り、素早く成長することには何らかのコストがかかる可能性があるが、そのようなコストを払ってでも素早く成長することは、高緯度地域に住む幼虫にとって重要なのだろう。どのようなメカニズムで高緯度地域の幼虫が素早く成長するのか、素早い成長にはどのようなコストがあるのかなど、今後の研究で明らかになってゆくはずだ。

17 幼虫の成長に遺伝は関係する？

【遺伝か環境か】

▼遺伝か環境か

ここまで、餌（えさ）や気温などの幼虫時の発育環境がいかに成虫時の体サイズに影響するか、そして地域間で幼虫の成長速度に遺伝的な変異が存在することを説明してきた。では、**遺伝的な要因**は体サイズに影響するのだろうか？　そしてもし影響するなら、個体群内・個体群間における成虫の体の大きさのばらつきは、どの程度遺伝的な違いで説明できるのだろうか？

体の大きさがどの程度遺伝するかは、カブトムシではまだよく分かっていない。しかし、両親と子の体の大きさの間に明確な関係は見られなかったという報告もあり[5]（ただし次の項で述べるように筆者の研究結果は少し異なる）、一つの集団の中の体サイズのばらつきは、

幼虫の発育環境が成虫の大きさを決める

遺伝的な違いよりも幼虫時の発育環境の違いをおもに反映していると考えてよいだろう。

筆者が観察している野外集団においても、前胸の幅を指標とする体の大きさの平均値が、たった1世代で20%近くも変化することがあった(3)。このような短期間での変化は、成虫の体サイズが遺伝的な要因よりも環境の影響を強く受けていることを示している。

カブトムシは人間活動に強く依存して生活しており、幼虫の餌場環境は予測できない形で毎年変わりうる。たとえば、ある年は農業のために人が巨大なたい肥置き場を作るかもしれない。しかしそのたい肥が翌年も存在しているとは限らない。このように人間の〝気まぐれ〟によって、カブトムシの体サイズが年によって大きく変化するということは十分に考えられる。また、もしある年にいつもより早く冬が訪れれば、翌年は小さい成虫が多く見られるようになるかもしれない。

では地域間での体サイズの違いは、どのようにして生み出されているのだろうか？　筆者はいくつかの地域でカブトムシを採集し、そこから得られた幼虫を25℃の共通環境で1匹ずつ飼育した。そして成虫まで育て、体の大きさを測定した。

この実験により、地域間での遺伝的な体サイズの違いをあぶりだすことができる。その結果、メスの体の大きさは、調べた範囲では地域間で差が見られなかったのに対し（島の個体群を除く：第5章参照）、オスの体の大きさは、地域によって遺伝的に異なることが分かった。

しかし、オスの遺伝的な体サイズの違いは相対的に見ればかなり小さく、野外ではそれ以上に環境の影響を強く受けている。そのため、野外集団の平均体サイズの傾向と、遺伝的な体サイズの傾向は年によってはほとんど一致しないこともあった。たとえば、山口の個体群のオスは東京のものに比べると遺伝的に体が小さいが、ある年に山口で採集されたオスの体サイズの平均値は、東京で同じ年に採集されたものに比べるとずっと大きかった。つまり、**集団間における遺伝的な体サイズの違いは、変動する環境の影響によって通常は覆い隠されてしまう**のである。

18

卵の大きさも成虫の大きさに関係している

【卵の大きさがばらつくのはなぜか】

▼卵サイズの大きなばらつき

ここまで説明してきた通り、成虫の大きさはおもに幼虫の発育環境によって決まる。しかし、不思議なことに、同じ環境で幼虫を飼育したとしても、成虫になったときの体の大きさはやはりばらついている。一つの家族内で見たときでさえ、ばらつきが見られる。これは、環境や遺伝以外にまだ成虫の体サイズに影響する要因があることを意味している。それは何だろうか?

筆者は、飼育実験を行う中で、**卵サイズが大きくばらつく**ことに気づいた。卵のサイズがばらつくということは当然孵化（ふか）した直後の幼虫のサイズもばらつく。孵化幼虫の重さを量っ

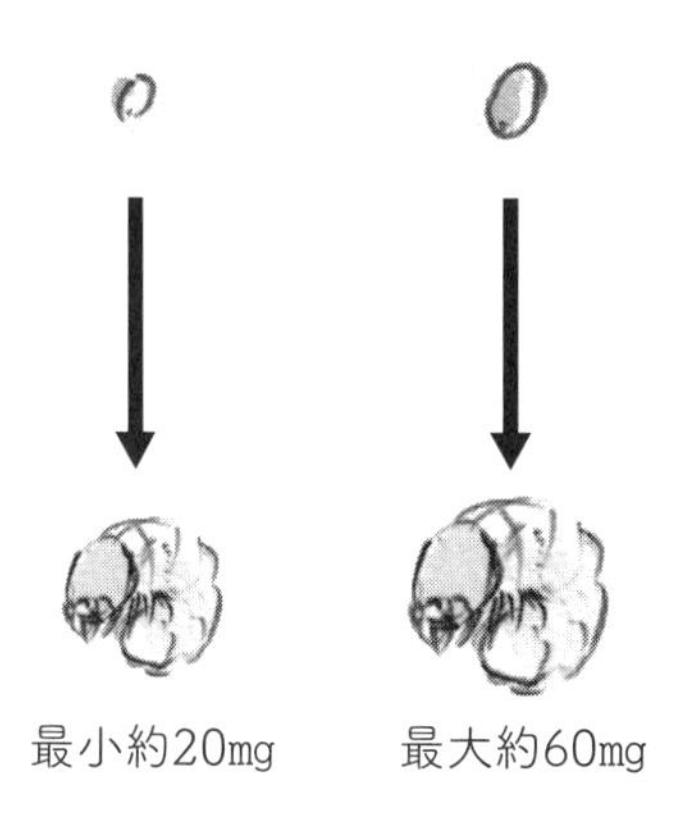

◎卵サイズのばらつき
同じ環境で生まれた卵でも、サイズが大きくばらつくことが。孵化直後の幼虫の重さが最大で3倍違うケースも。（他の昆虫では卵サイズのばらつきの幅は2倍程度）

てみると、40～45㎎くらいであるものが多いが、最小のものは約20㎎、最大のものは約60㎎と、3倍もの幅(はば)があることが分かった。

　これまで研究されてきた他の昆虫では、卵サイズのばらつきの幅はせいぜい2倍程度であり、カブトムシほど卵の大きさの種内変異が大きい種類はほとんど知られていない。卵サイズのばらつきが成虫のばらつきの原因となっている可能性は考えられないだろうか？このことを検討する前に、このような卵サイズのばらつきが、そもそもどのようにして生じるのかについて調べてみることにした(6)。

　まずは**母親の栄養状態**を操作してみた。他の昆虫では、成虫になってから得られた餌(えさ)の量で、生産する卵の大きさが変化することが知られている。カブトムシでもそのようなことがあるだろうか。

このことを調べるために、羽化してきたメスにほんのわずかにしか餌を与えないグループと、満腹になるまで餌を与えるグループを作り、卵の大きさ（正確には孵化幼虫の重さ）を比べてみた。餌として用いたのは昆虫ゼリーである。果物のような天然の餌と違い、昆虫ゼリーは品質が安定しているため、このような実験に適している。

卵の大きさを比較した結果、二つのグループ間で差は見られなかった。ただし、生産する卵の数は、空腹にさせたグループでは激減した。これは、飢餓（きが）状態に置かれたメスが、自分の持っている卵を産み終わるよりもずっと前に死んでしまったからである。いずれにしてもカブトムシにおいては、**成虫になってからの餌条件は、卵サイズに影響しない**ようである。

次に、卵の大きさのばらつきは**母親の日齢（にちれい）**に関係している可能性が考えられた。多くの昆虫で、母親が年をとると、大きな卵を作るのに十分な資源が枯渇（こかつ）し、小さい卵を産むようになることが知られている。一方で、年老いるほど大きな卵を産む種も知られている。これは、死ぬ前に資源を使い切るための戦略であると解釈されている。どちらのパターンを示すか、あるいは両者の中間（母親の日齢と卵の大きさに関係がない）になるかは種によって異なる。カブトムシではどのようなパターンが見られるだろうか？

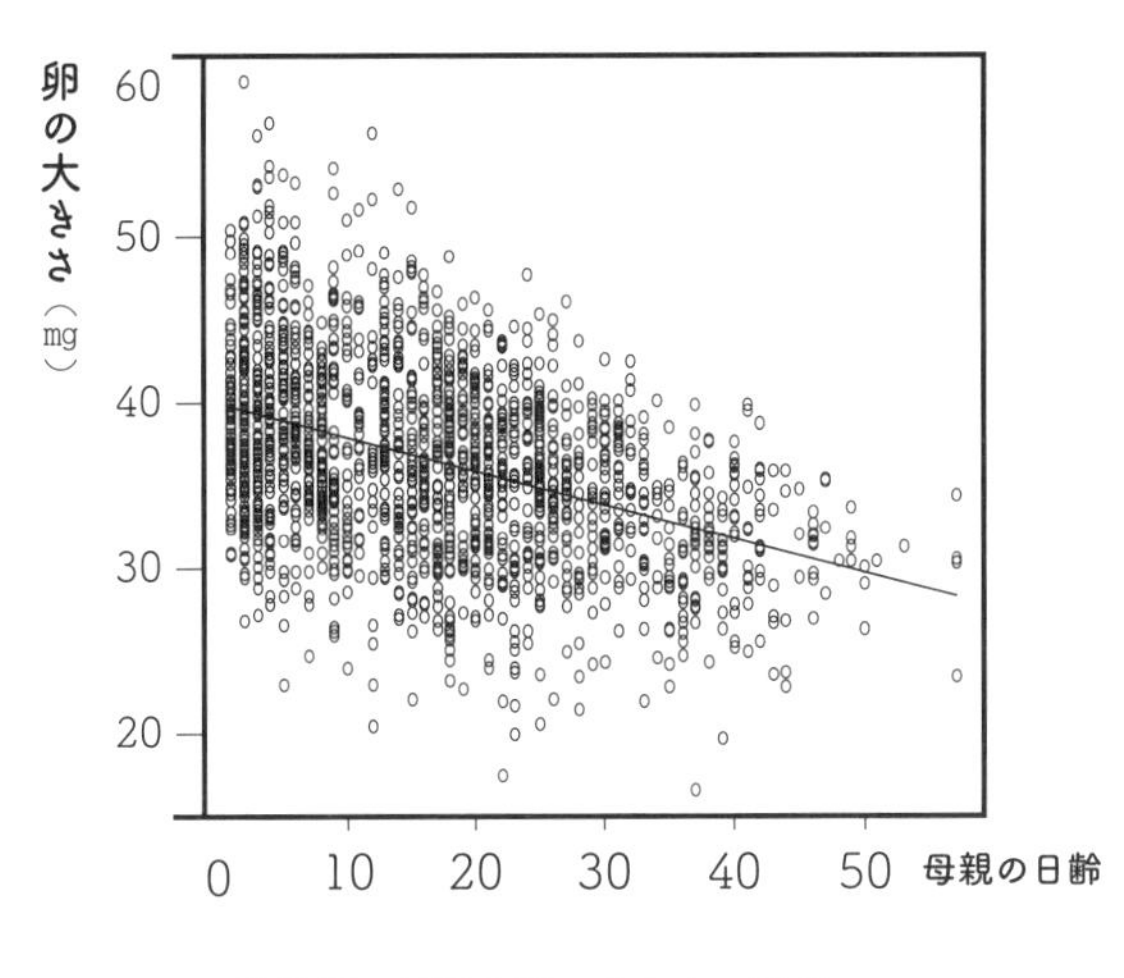

◎母親の日齢と卵の大きさの関係

室内で羽化したメスを、カブトムシマットと昆虫ゼリーを入れた容器で個別飼育し、毎日マットを掘り返して卵を採取した。そして、メスの日齢と卵の大きさの関係を調べた。その結果、若いころには大きな卵を早いペースで産んでいたが、**羽化後数週間経つと産む卵の数は減少し、卵サイズも小さくなっていった。**

捕食や飢餓などのため、カブトムシは本来の生理的な寿命（飼育下での寿命）を野外で全うすることはおそらくほとんどない。彼女らはいつ死んでもよいように、元気なうちにできるだけ質のいい卵をたくさん産むという戦略を採っているのかもしれない。

▼母親の体の大きさが卵サイズを左右する

しかし、このような、母親1個体の生涯を通した卵サイズの変化の割合は、せいぜい50%程度である。全体を通してみたとき、卵サイズの重量にはそれよりもずっと大きなばらつきが存在する。つまり母親間で作る卵サイズが大きく異なるはずだ。

これについても詳細な解析を行った結果、母親の体の大きさが卵サイズに強く影響することが明らかとなった。**体の大きいメスほど大きな卵を産む**のである。

カブトムシではメス成虫の体サイズのばらつきが極めて大きいため、卵サイズのばらつきも大きくなる。このような卵サイズと母親の体サイズの関係は、おもにふたつの仮説から説明できる。一つめは、**資源投資**という観点からの説明である。大きいメスは多くの資源を蓄えており、産卵数が多いことに加え、一つ当たりの卵にも多くの資源を投資できるかもしれない。ふたつめの仮説は、**産卵管のサイズの制約**である。昆虫の卵の大きさは、産卵管の太さによって制限されると考えられている。つまり、小さいメスは体の構造上、細い産卵管を持たざるを得ないので、おのずと小さい卵しか産めなくなるかもしれない。今後の研究で明らかになる日を、待ちたいところだ。

19

【幼虫と親の関係】

母親の体の大きさは幼虫の大きさに関係ある？

▼卵の大きさと母親の年

ここまで、母親の日齢と体の大きさの二つが卵サイズに影響すること、また、とりわけ後者の影響が大きいことが分かった。次に気になるのは、**小さい卵から育った幼虫はきちんと大きくなれるのか**、ということである。

この謎を解明するために、筆者は孵化（ふか）した幼虫を、カブトムシマットを使って室内で個別飼育し、成虫になるまで育てた。ときどき発育途中での幼虫の体重も量り、成長速度も調べた。その結果、小さな卵から孵化した幼虫は、小さい成虫になりやすいことが分かった。つまり、小さい卵から孵化した幼虫は、最初からハンデを背負っているというわけだ。

卵を産んだメスのイメージ図

しかし、小さい卵から産まれた小さな幼虫が無策なわけではないことも分かった。彼らは大きい卵から産まれた幼虫に比べて高い成長率を示すため、大きい卵から産まれた幼虫との差をある程度埋めることに成功していたのだ。

次に、母親の日齢と成虫時の体サイズの関係を解析してみた。前項で紹介したとおり、年をとった母親は、若いころと比べて小さな卵を産む傾向にある。その小さな卵から産まれた幼虫も、小さく成長するのだろうか？解析の結果、両者の間に明確な関係は見られなかった。つまり、**年老いた母親から生まれたからといって、小さな成虫になりやすいというわけではない**のである。

前述したように、母親1個体が作る卵サイズは、相対的に言えば、それほど大きくばらつくわけではない。年老いた母親由来の小さい卵から産まれた幼虫は高い成長率を示すため、大きい卵から産まれた幼虫に成長が追いつき、最終的に両者の差が消滅されたのかもしれない。ただし、これは質のいいカブトムシマットで育てたときの結果であり、条件が悪い場合にも小さい卵から孵化した幼虫が追いつけるかどうかは分かっていない。

▼母親が大きいほど子も大きくなる

一方で、**母親の体サイズが大きいほど子の成虫時の体サイズが大きい**ことが分かった。母親間での卵サイズのばらつきは極めて大きいため、小さい母親由来の小さい卵は、スタート時の不利を補いきることができないのかもしれない。

この結果から、室内の共通環境で飼育したときに現れる体サイズの個体間のばらつきには、卵サイズ、ひいては母親の体サイズが影響していたことが明らかとなった。なお、先行研究[3章(5)]同様、筆者の実験でも父親の体サイズは子の体サイズに影響しなかった。

母親の体サイズが子に伝わる現象は、一見すると遺伝のように見えるが、今回のケースは遺伝ではなく、〝母性効果〟と呼ばれる現象であると考えられる。

カブトムシの飼育風景イメージ図

遺伝とは遺伝子を介して親の形質が子に伝わることであるが、母性効果とは、**母親が後天的に獲得した性質が、卵の中の栄養物質やホルモンを介して子の性質に影響を与えること**である。つまりカブトムシでは、卵の大きさ（孵化時の幼虫のコンディション）を通して、母親の大きさが子に伝えられている。

そして、「母親の大きさ」というのは遺伝的な要因よりも、環境条件によって大きく左右される形質である。遺伝的な性質は子孫代々受け継がれてゆくのに対し、母性効果は遺伝子を通したものではないので、環境が大きく変われば、その世代で効果はリセットされる。似たように見える二つの現象のこのような違いは、体サイズの進化プロセスを考えるうえでは重要となる。

大きなカブトムシを得るために、アマチュアのブリーダーはさまざまな独自の〝技〟を開発してきた。ある人は幼虫を育てるときの温度をコントロールしたり、またある人は幼虫の餌（えさ）に特殊な栄養剤を添加する。筆者らはその効果を一つひとつ確かめたことはないので、それらの影響がどの程度かは分からない。しかし、筆者の一連の研究から、大きな成虫を得るためには、いい餌を用いるのは当然として、大きい母親を使うことが重要であることが明らかとなった。大きなカブトムシを育てたい人は、ぜひ母親のカブトムシにも注目してもらいたい。

コラム③ 飼育方法にまつわるあれこれ

▼カブトムシ飼育で気をつけるべきこと

カブトムシはとても丈夫な虫であり、どのステージも飼育は難しくない。飼育するための餌(えさ)や容器など、一式を簡単に購入することもできる。さらに、カブトムシは他の多くの昆虫と異なり、近親交配にも強い。一ペア由来のきょうだいどうしをかけ合わせていっても、筆者の経験では少なくとも5世代くらいは何の影響も見られない。これらの理由から、カブトムシは昆虫の飼育の初心者にもおすすめだろう。

しかし、実際に飼育してみるといくつかの思わぬ落とし穴が存在する。また、長生きさせたり大きな成虫を得るには多少のコツが必要である。このコラムでは飼育するときのポイントについて見ていくことにしよう。

まずは成虫の飼育についてだが、最大のポイントは「単独で飼育すること」である。オスは複数を一つのケースに入れると激しくけんかをし、傷つけあってしまう。また、けんかは多くのエネルギーを消費するので、長生きすることができなくなる可能性が高い。さ

オスとメスは別々のケースに入れて飼育するのがベター

らに、メスとオスを一つのケースに入れるのも好ましくない。メスがオスに追いかけまわされ、余計なエネルギーを消費してしまうからである。カブトムシのメスは、理由は不明だが、他の多くのコガネムシと異なり、生涯にたいてい一度しか交尾をしない。しかし、オスは目の前にいるメスが交尾済みかが分からないので、一晩中求愛を続け、メスはそれをひたすら拒否し続けなければならない。野外から採集してきたメスは、8割以上の確率で交尾済みと考えていいため、オスと同居させる必要性は低い。また、室内で得られた成虫の場合は、数日間オスとメスを同居させておけば必ず交尾に至るため、それ以降は隔離(かくり)してしまう方が長生きする。

もう一つ、成虫を飼育するうえでポイントとなるのは、採卵したい場合を除き、「土（カブトムシマット、腐葉土など）を入れない」ということである。土を入れると、ダニが発生しやすくなる。カブトムシがダニによってどの程度ダメージを受けるかはまだ不明だが、あまりいい影響があるとは思えない。また、カブトムシマットや腐葉土からはキノコバエのような、いわゆる〝不快害虫〟が大発生することもある。よって、土を入れる積極的な理由は存在しない。筆者らは土の代わりに、湿らせたキッチンペーパーを容器に数枚入れるようにしている。カブトムシは明るいときはキッチンペーパーの中に隠れることができる。容器の洗浄もとても手軽で、衛生的に飼育することができる。産卵させたいときは、カブトムシマットを少なくとも容器の15㎝程度の深さまで入れ、ゼリーを切らさないようにして数週間置いておけばよい。1匹のメスは生涯で100～150個もの卵を産むので、幼虫がそんなに必要ない、という人は、必要な数の卵が確保できた段階で、成虫をマットから取り出してしまおう。

▼よくある失敗の対処法

成虫の飼育でしばしば聞かれる失敗談として、脱走されたというものがある。特にメスは、容器のふたが少しでもきちんと閉まっていないとこじ開けて脱走してしまうので、油断は禁物である。心配であれば何かおもしを乗せておく方がいいだろう。

カブトムシの幼虫は基本的には共食いをしないため、複数個体を一つのケースで飼育しても問題はない（ただし、ステージが大きく違う幼虫どうしは共食いをすることもあるので注意が必要だ）。もし、できるだけ大きい成虫を得たいのであれば、個別飼育の方が望ましい。複数が同じケースにいると、餌に十分ありつけない個体が出てくることがあるからだ。また、個別飼育の方がそれぞれの個体の状態を把握しやすいというメリットもある。したがって余裕があるならば、幼虫も個別飼育をお勧めする。幼虫は寒さに強いため、冬の間にベランダや庭に出しておいても問題ない。コガネムシ科の一部には、冬を経験しないとうまく成虫にならない種も存在するが、カブトムシの場合は暖かい環境で飼い続けても構わない。その場合は野外よりも早い時期に成虫が羽化してくるだろう。

幼虫の飼育に失敗するケースとしてよく耳にするのが、幼虫がいつの間にか〝消えて〟しまっていたというものである。これは、おそらく病原性の糸状菌やウイルスなどに感染し、分解されてしまったのだろう。それらの病原菌は伝染性なので、容器に入っているすべての幼虫が死んでしまうこともある。これを防ぐ最大の方法は、カブトムシマットを時々交換するということである。カブトムシの幼虫は、マットの交換を怠り糞だらけになってしまっても、糞を食べて生き延び、小さいながら成虫までこぎつくことも可能である。しかし、古くなったマットで飼育し続けると、病気になる確率が格段に高くなる。

また、水分をあまりマットに加えすぎないのも、病気を発生させないためのコツである。もちろん、個別で飼育するのも、いざというときに被害を拡大させないために有効である。幼虫は飼育期間が長く、特に屋外で飼育している場合は、飼育していることを忘れがちである。しかし、ときどきでも思い出して面倒を見てあげるようにしたい。

▼逃がすなら捕まえた場所で

最後に、カブトムシを採集した場所以外で逃がすことは厳禁である。第3章や第5章で説明するように、同じ種類のカブトムシでも実際には地域性があり、それぞれ独自の進化の歴史を背負っている。

たとえば、青森と東京のカブトムシは、見た目では全く区別できないが、幼虫の成長は大きく異なる挙動を示すことが分かっている（第3章参照）。これは、それぞれの地域のカブトムシが異なる遺伝子を持っていることを意味している。もし青森のカブトムシを東京に放してしまった場合、両者が交雑し、これまで膨大な時間をかけて作り上げられてきた進化の遺産が一瞬にして失われ、二度と取り戻すことができなくなってしまうのである。

第4章

集まる幼虫、回る蛹

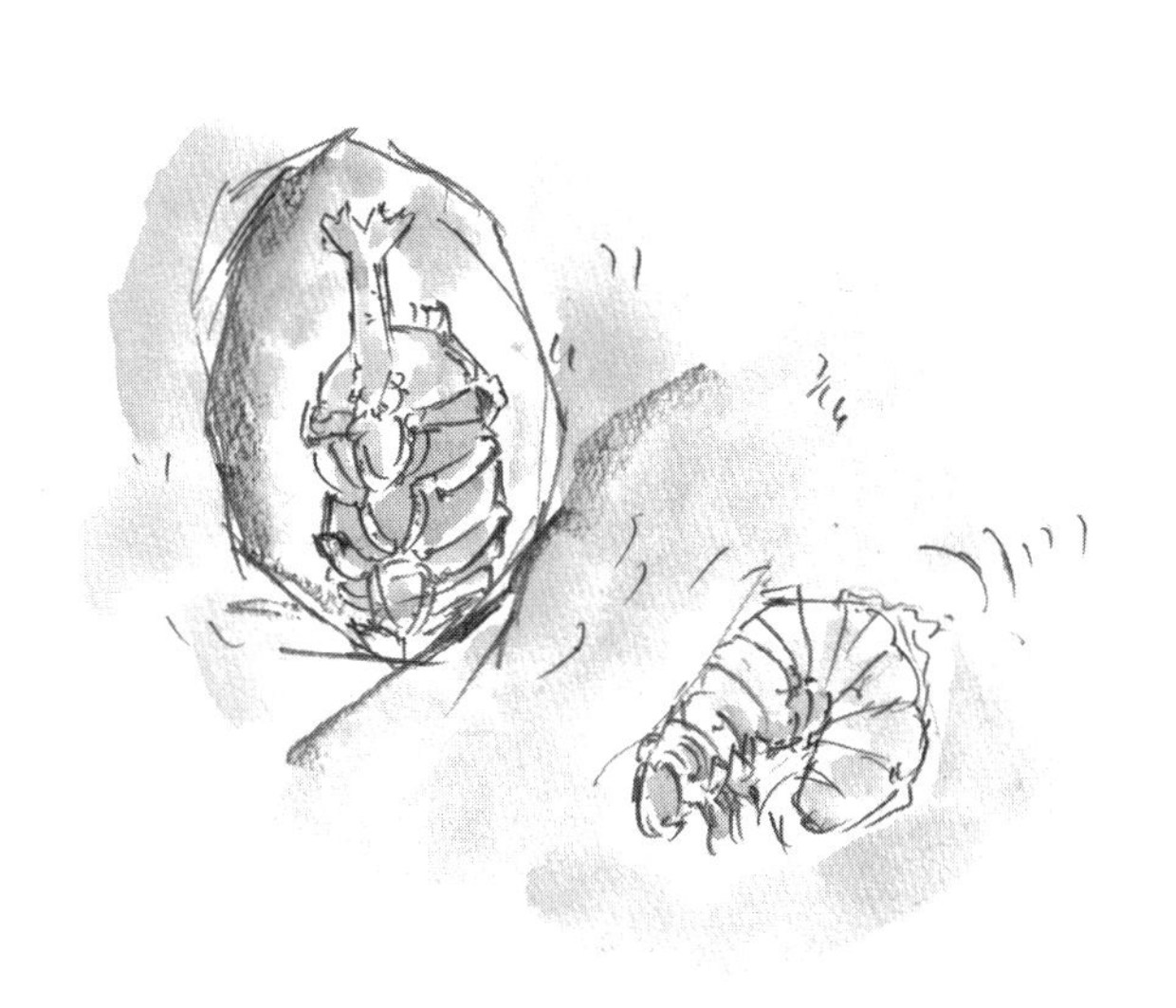

20

【幼虫が集まるのはなぜ?①】

幼虫は互いに引き寄せ合って生きている

▼幼虫は密集して生活している?

雑木林や畑の隅に積んであるたい肥や腐葉土の表面をよく見てみると、俵型をしたカブトムシの幼虫の糞が、無数に浮き出ていることがある。そのような場所をスコップで掘り起こすと、晩秋から春であれば、大きく成長した幼虫がごろごろと転がり出てくるはずだ。よく注意していると、幼虫は腐葉土やたい肥の中に満遍なくいるわけではないことに気づくだろう。

大規模なたい肥置き場があったとしても、**幼虫が多く見られるのは比較的狭い範囲であることが多い**。散らばって暮らしている方が周りのことを気にせずに餌を食べられるはずなのに、なぜ幼虫は特定の範囲に固まっているのだろうか? 筆者はこのことを疑問に思い、幼

密集するカブトムシの幼虫

虫の行動を調べてみることにした。

その前にまず、本当に幼虫は狭い範囲に集中して分布しているのか、科学的な方法で調べる必要があった。集中して分布しているように感じるのは、ただの〝気のせい〟かもしれない。

たとえば、私たちには、1匹幼虫を見つけた場所の近くは他の場所より丁寧に調べるようなバイアスがあるかもしれない。その場合、幼虫がランダムに、あるいは散らばって分布していたとしても、狭い範囲から幼虫を発見する確率が上がってしまうだろう。そこで、幼虫の分布のしかたを調べるために、ある腐葉土置き場にいる幼虫すべての個体の分布を調べることにした。

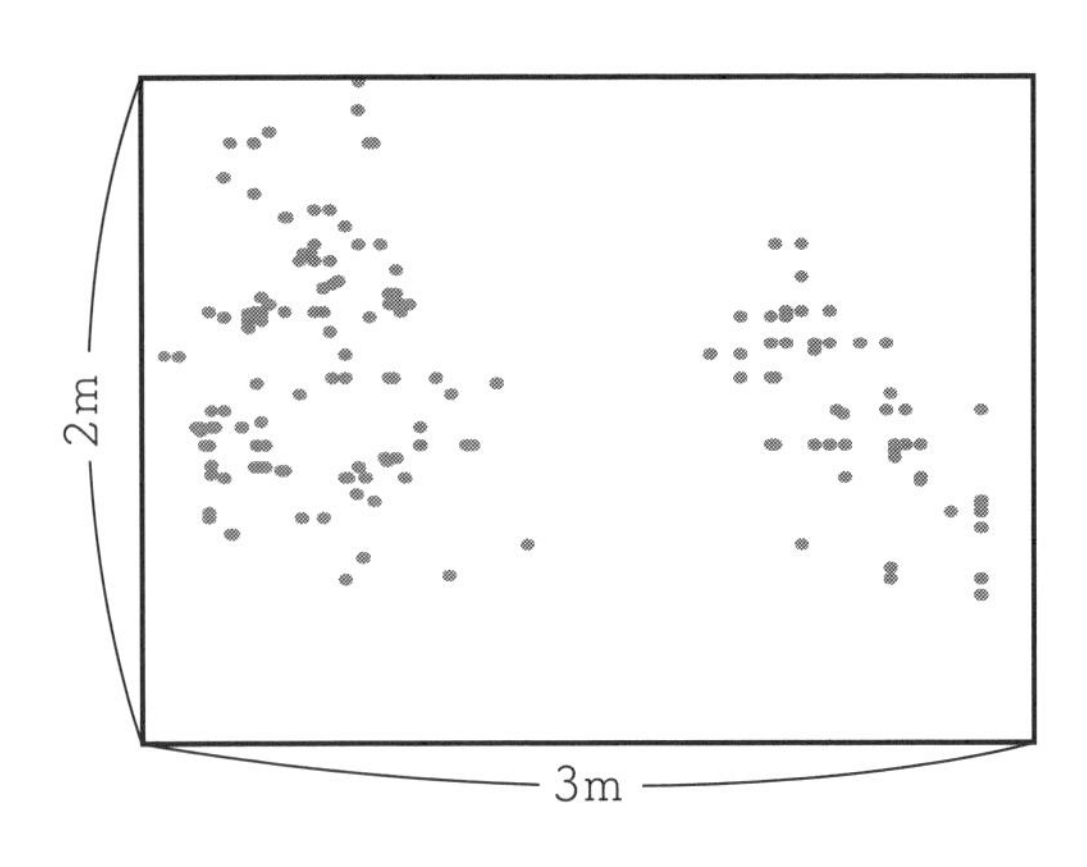

◎幼虫の集中分布

2×3ｍ中の餌場に分布する幼虫を図式化。一つひとつの点は幼虫を表す。

当時筆者のフィールドの一つであった多摩丘陵の雑木林には、カブトムシの幼虫が毎年多数見られる腐葉土置き場があった。雑木林の落ち葉掻きで集められた落ち葉を貯めておくために人工的に作られた、2×3ｍほどのエリアである。この場所で幼虫の分布を調べることにした。

　早春のある日、腐葉土をスコップを使って端から順に掘り返していき、幼虫が出てくるたびに、その位置を座標のようにして記録していった。丸一日かけて、腐葉土置き場にいたすべての幼虫、163匹の位置情報を記録することができた。腐葉土置き場の中で幼虫が見つかったポイントを図に表してみると、やはり、幼虫は満遍なく分布しているというよりも、ある特定の範囲に固まっているように見えた。中には、お互いの体が接触するのではないかというくらい近距離に複数の個体が集まっていることもあった。

さらに、空間統計と呼ばれる手法を使い、分布のしかたを解析したところ、ランダムに分布している、あるいは互いが反発するように散らばって分布している（離散分布）という仮説は棄却され、集中して分布していることが示された。後日他の場所でも調査したところ、似たような分布パターンが見つかった。つまり、筆者が幼虫の採集のたびに感じていた印象は、単なる認知バイアスではないことが科学的に裏付けられたのだ。(1)

▼引き寄せ合う幼虫たち

なぜ幼虫は腐葉土やたい肥の特定のエリアに集まっているのだろうか？　これにはいくつかの可能性が考えられる。まずは、母親が狭い範囲に多くの卵を産み付けたため、その周辺に幼虫がたくさん生息しているという可能性がある。実際に1匹のメスは数cm間隔で数十個の卵を産み付けていく。しかし、孵化した幼虫はすぐに大きくなりそれなりの距離を動き回れるようになる。孵化してから数か月経過してもなお集中した分布が見られるのには、他の理由があるはずだ。

別の有力な可能性として、**いい餌が局所的に分布しており、幼虫たちはそれを探り当てて**

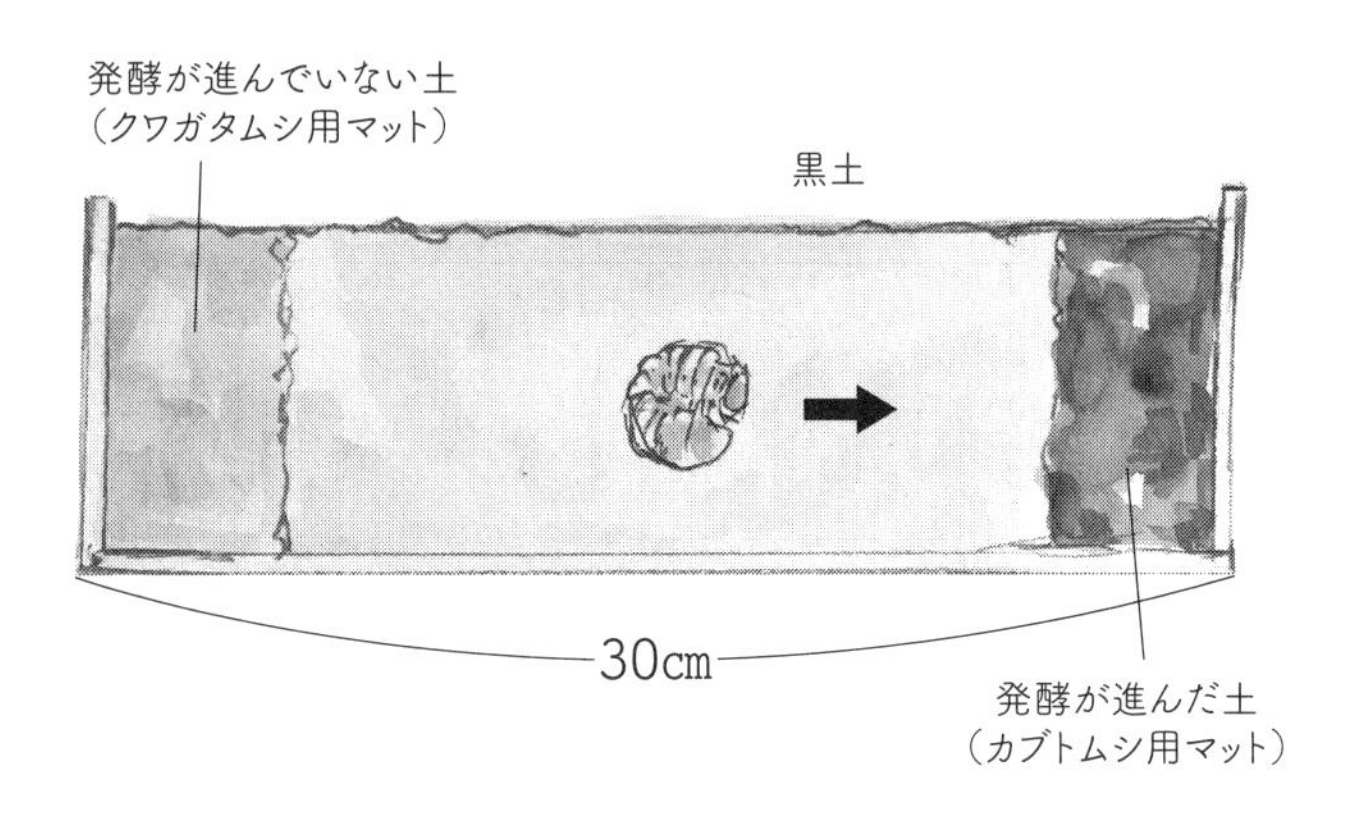

◎餌への誘引実験

質のいい餌に対して、幼虫は引き寄せられる。

集まってくるという可能性が考えられる。これはかなり現実的に思える。

　そこで、幼虫が質のいい餌の近くによって来るのかを調べるため、室内で実験をしてみることにした。百均で買った横長のパスタケースを使い、一端には質のいい餌としてカブトムシマットを、もう一端には質の悪い餌としてあまり発酵の進んでいないクワガタムシ用のマットを入れた。そしてそれ以外の場所には、幼虫の餌にならない黒土を詰め込み、そこに幼虫を1匹入れた。

　幼虫の行動を観察すると、土に潜った幼虫はカブトムシマットの方へ素早く移動することが分かった。やはり**いい餌を幼虫は探し出すことができる**のである。いい餌の周りに幼虫が集まることで、集中した分布パターンが作られている可能性が強まった。

さらにまだ検証していない、最もわくわくするような可能性が残されていた。それは、幼虫どうしが相互作用によって引き寄せ合うというものである。野外ではわずか数㎝という近距離を隔てて幼虫たちがひしめき合っている様子がしばしば見られることから、この可能性を検証する必要があると強く感じた。

早速、さきほど紹介したパスタケースを用いて実験することにした。今回はケース全体にカブトムシマットを敷き詰めた。そして、カブトムシマットで満たした、ステンレス製の茶こしのようなメッシュケージに幼虫2匹を閉じ込め、パスタケースの一端に埋めた。もう一端には、カブトムシマットのみを入れたメッシュケージを埋めた。そしてパスタケースの中央に自由に動ける幼虫を置き、どちらの端へ移動するかを観察した。

1時間ほどすると、期待した通り、幼虫は、他個体の入ったメッシュケージのすぐそばにいるのが確認できた。何度も繰り返し実験を行ったが、70から80％ほどの確率で同様の結果が再現できた。もし土の質が均一である場合、幼虫は他個体の存在を何らかの方法で知り、そちらへと引き寄せられるのである。

21

【幼虫が集まるのはなぜ？②】

幼虫は何に引き寄せられるのか？

▼幼虫の使う手がかりは？

前項の実験から、土の中で幼虫は、質のいい餌（えさ）や周りの個体の存在を感知していることが分かった。では、真っ暗な土の中で幼虫は実際にどんな手がかりを使って周囲の状況を把握しているのだろうか？　候補としては、**においのような化学的な手がかり**か、（他個体に近付いていく場合であれば）**振動や音のような物理的な手がかり**が考えられる。候補を絞り込むため、幼虫期に化学物質（におい）を感知する器官を切除する実験を行うことにした。

昆虫の代表的な化学感覚器といえば触角である。しかし、昆虫は他のさまざまな器官でも化学物質を感知していることが知られているため、触角の切除だけでは不十分かもしれない。

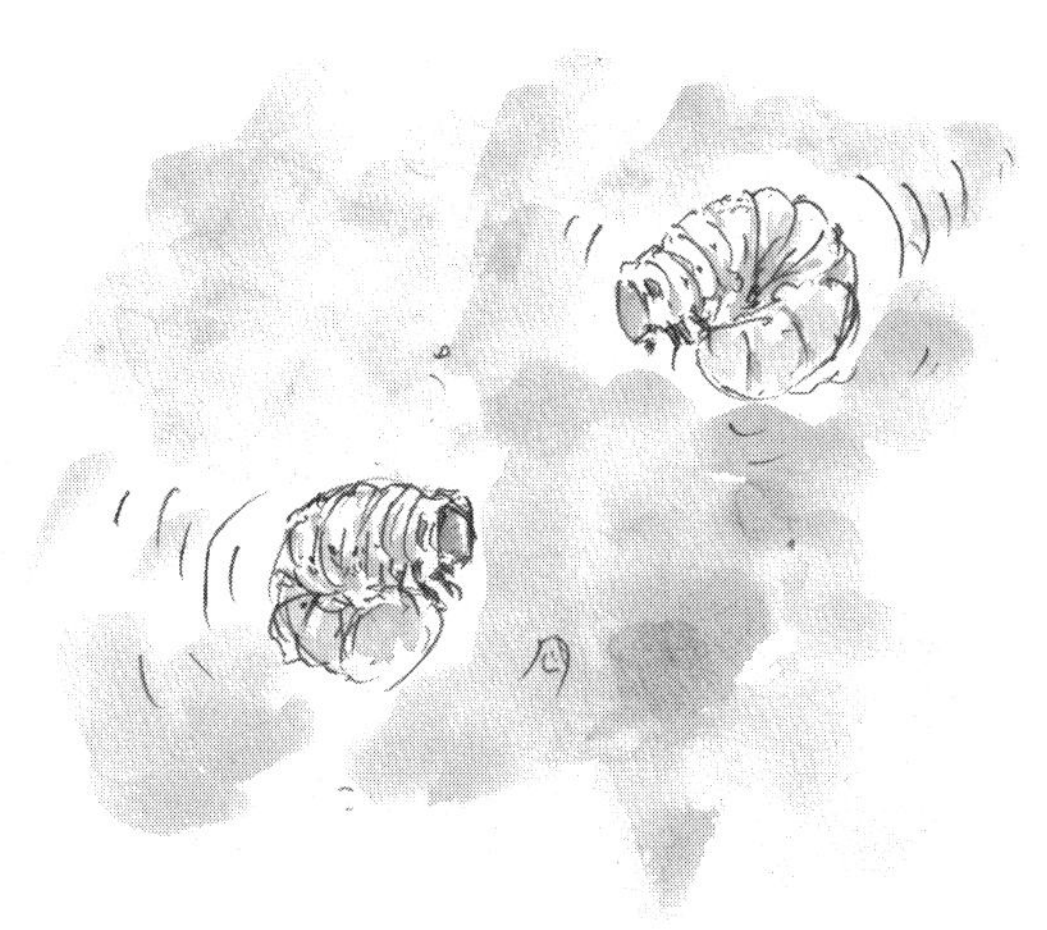

引き寄せ合う幼虫たち

他種のコガネムシの幼虫で、小顎とよばれる口の器官で植物のにおいを感知することが知られていたため[(2)]、筆者らの実験においても触角に加えて小顎の切除も行った。もし化学物質を手がかりに使っているならば、化学感覚器を切除された幼虫は、他の幼虫に近付かなくなるはずである。

幼虫を冷蔵庫に入れて麻酔をかけたのち、小顎か触角を切除した。手術自体の影響がないかを確認するために、化学感覚器ではない前脚を切除した個体も用意した。そして、先ほどと同じように、手術を施した幼虫が、メッシュケージ内に固定された他個体に対して近づいていくかを調べた。その結果、前脚を切除された個体は80％ほどの確率で他個体に対して定位したことから、手術による幼虫の行動への影響は小さいことが分かった。また多くの場合、触角を切除された個体も他個体に近付いていった。一方、小顎を切除された個体は、他個体に引き寄せられなくなった。これらの結果から、幼虫は化学物質を手がかりに他個体へ近付いていくと考えられる。また、その物質は触角ではなく小顎で受容されているようである。[1]

こうして受容される場所が分かったことで、ようやく手がかりとして使われる物質を調べることができるようになった。しかし、これがなかなかうまくいかない。

研究を始めた当初、さまざまな高度な分析機器を使い、幼虫の体表に存在する化学物質を同定し、誘引活性のある物質を絞り込もうとした。幼虫の体表からは、昆虫が一般的に持つ炭化水素をはじめ、カメムシのにおいとして有名なヘキサノールやヘキサナール、マツタケの香りとして知られる1‐オクテン‐3‐オール（別名マツタケオール）などの興味深い物質が見つかった（不思議なことに、このことを知ってから幼虫のにおいを嗅ぐと、なんとなく香ばしく心地よい香りに感じるものである）。

これらの中には、他の昆虫でフェロモンとして使われている物質も含まれていたが、カブトムシの幼虫に対して提示しても何の行動の変化も見られなかった。そもそも、幼虫の体表から有機溶媒で抽出した成分そのものを濾紙にしみこませて提示しても、何の反応も見られなかった。幼虫を誘引する物質はどこへ行ってしまったのだろうか？　かくして、幼虫を引き寄せる化学物質の特定は暗礁に乗り上げた。

▼化学物質の正体

カブトムシを引き寄せる物質の研究を始めてから2年ほど経ったある日、カブトムシの幼虫の世話を実験室で行っているときに、ふと見落としていたある化学物質に気づいた。それは**二酸化炭素**である。

二酸化炭素だとすればすべてのつじつまが合う。質のいい腐葉土は発酵によって多くの二酸化炭素を放出するはずである。幼虫も当然呼吸で二酸化炭素を排出する。二酸化炭素は有機溶媒で抽出できないし、濾紙にしみこませることもできない。実験がうまくいかないのは当然だ。

いてもたってもいられなくなり、その場で紙を筒状に丸めて即席のストローを作った。そして、容器にカブトムシマットと一緒に幼虫を入れ、マットの中にストローで呼気を吹き込んでみた。すると、幼虫はストローの先端の方へぐんぐん近付いてくるのが見えた。人間の

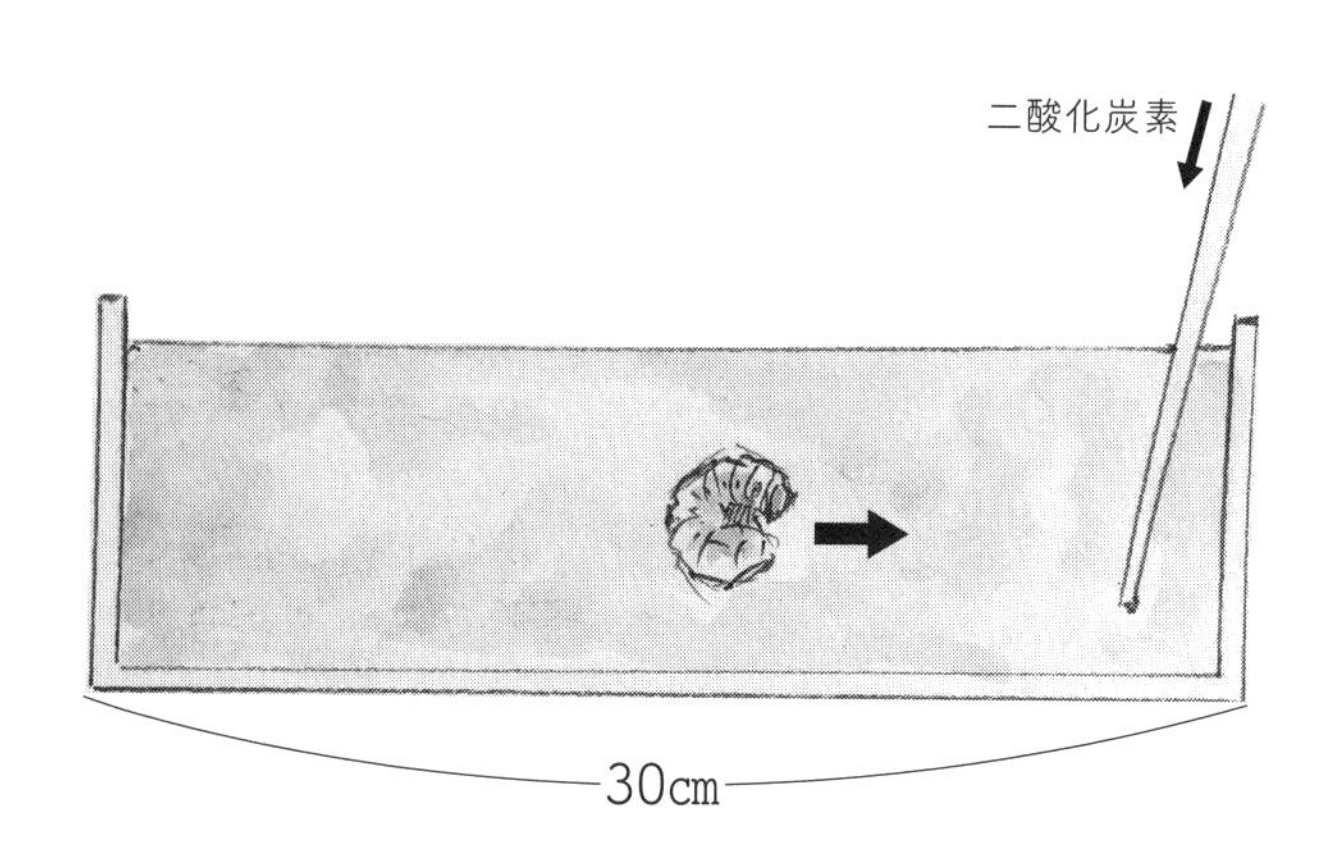

◎幼虫が二酸化炭素に反応しているか調べる実験
容器の片方から送り込まれた二酸化炭素に対して、幼虫は引き寄せられる。

呼気には大量の二酸化炭素が含まれていることを考えると、やはり二酸化炭素に幼虫が反応している可能性が高そうだと考えられた。

次に、本当に幼虫が二酸化炭素に反応しているのかきちんと確かめる必要があった。呼気には二酸化炭素以外にもさまざまな化学物質が含まれているからである。また、幼虫が、周りの個体が呼吸で出すくらいの少量の二酸化炭素も感知できるのかも調べる必要があった。

これらのことを調べるため、ポンプを使い二酸化炭素のボンベから少量ずつ、幼虫の入った容器に流し入れてみた。このとき容器には黒土を入れた。腐葉土やカブトムシマットは、それ自体が呼吸によって多量の二酸化炭素を放出するため、実験の結果に影響してしまう可能性が考えられたからである。

すると、二酸化炭素に対してやはり幼虫は強く引きつけられた。さらに、15〜20㎝ほどの距離であれば、1時間に2・5㎖というごく少量の二酸化炭素にも反応することが分かった。これは幼虫1個体が排出する4分の1に相当する。つまり、ある程度近距離にいる幼虫どうしが呼吸に含まれる二酸化炭素を介して引きつけ合うということは、十分起こりえるといえる。

▼幼虫は二酸化炭素濃度の高い腐葉土に集まる

カブトムシの幼虫は昆虫としては巨大であり、幼虫は1時間あたり10㎖という、他の多くの昆虫よりもはるかに多くの二酸化炭素を排出する。しかし、幼虫が呼吸で排出する二酸化炭素だけで、腐葉土の中に二酸化炭素の濃度勾配（こうばい）（幼虫の近くほど二酸化炭素濃度が高くなること）が生まれるのだろうか？　幼虫が生息する腐葉土中の二酸化炭素濃度は地上に比べて極めて高い。幼虫が排出する二酸化炭素は、それらに埋もれてしまうかもしれない。

これについても実験室内で検証することにした。44×66×高さ40㎝の大きな衣装ケースに腐葉土を深さ30㎝になるように入れ、幼虫を24匹放した。容器内の幼虫の密度は、自然状態で観察されるものと同様になるようにした。やがて幼虫たちは衣装ケースの中で集中分布を作るはずだ。

5日後に容器を22×22㎝の六つの区画に分け、それぞれの区画の中心部に二酸化炭素濃度計を突き刺し、地中の二酸化炭素の濃度を測定した。すると、幼虫を入れる前にはほぼ均等であった二酸化炭素の濃度に、区画の間で大きな違いが生じていることが分かった。すぐにそれぞれの区画を順に掘り進め、区画内にいる幼虫を数えた。すると、二酸化炭素の濃度が高かった区画からは多くの幼虫が見つかった。やはり**幼虫は腐葉土中に二酸化炭素の濃度勾配を作り出していた**のである。

しかし話はここで終わらない。筆者は念のため、幼虫を掘り出す際に六つのそれぞれの区画の底の方から腐葉土だけを少しずつ採取し、腐葉土そのものの呼吸量も調べてみた。すると興味深いことに、幼虫が多く見つかった区画では、腐葉土自体も多くの二酸化炭素を排出していることが分かった。つまり、**幼虫が多くいる場所では、幼虫の呼吸に加え、近傍で腐葉土の呼吸量も増加することで、二酸化炭素の濃度勾配が地中で形成される可能性が高い**。過去の研究から、ヤスデやミミズが腐葉土を食べたり攪拌（かくはん）したり、あるいは排泄することによって、土壌中の微生物たちが活性化することが分かっている。カブトムシの幼虫にもそのような作用があるのかもしれない。

以上の一連の実験結果から推測される、カブトムシの幼虫が集中した分布を作るメカニズムは以下のようなものである。まずは発酵の進んだ腐葉土の近くに幼虫たちが集まり、緩やかな群れを作る。幼虫が腐葉土を食べたり呼吸をすることで、その近傍での二酸化炭素濃度はさらに高まる。その結果、幼虫はますます互いに近くに集まってくるのではないだろうか。(3)

▼幼虫はなぜ二酸化炭素が好き？

そもそもなぜ幼虫はこれほど二酸化炭素に強く引きつけられるのだろうか？

おそらくこれには**幼虫の食性**が深く関係している。前に紹介した実験を思い出してほしい。質のいい餌と悪い餌の2種類を提示したとき、幼虫はいい餌の方へ強く誘引された。幼虫にとって質のいい餌とは、微生物が豊富で発酵の進んだ腐葉土のことである。そのような腐葉土は、当然多くの二酸化炭素を排出する。たとえば、筆者が実験に使った二つのタイプの餌の二酸化炭素排出量を比較すると、4・5倍もの違いが存在することが分かった。

微生物が発する他の化学物質を補助的に使っている可能性もあるが、目の見えない幼虫にとって二酸化炭素は餌のありかを知るためのとても重要な手がかりになるはずだ。ただし、どのようにして幼虫が地中の二酸化炭素濃度勾配を感知しているかなど、詳しいメカニズムは依然分かっていない。

それでは、なぜ幼虫は周りの個体の排出する二酸化炭素にも引き寄せられるのだろうか？これは、餌から出る二酸化炭素に対する反応の副産物である可能性が高い。幼虫は、二酸化炭素の発生源が腐葉土（微生物）なのかそれとも自分たちの仲間なのかを区別することはできない。腐葉土の方へ向かうことができれば餌にありつけるわけだが、他個体の方へ近づいて行ってしまうと、幼虫はかえって損をしてしまうようだ。腐葉土の入った容器に幼虫を1匹だけ入れたとき、3匹入れたとき、9匹入れたときで、5日間での幼虫の体重の増加率を比べると、単独条件のときに最も成長率がよく、密度が増えるにつれ、成長が悪くなったのである[3]。

おそらく幼虫密度が高すぎると、生理的なストレスを受けたり、餌の質が低下するためだろう。つまり幼虫は好きで集まっているわけではなく、自分たちの意図とは関係なく集合が形成されてしまうのである。

22

【幼虫から蛹へ】幼虫が一斉に蛹になるのはどういう仕組み？

▼一斉に蛹になる幼虫たち

カブトムシの幼虫を一つの容器にまとめて飼育していると、あることに気づいた。**1匹の幼虫が蛹室を作ると、その直後に立て続けに他の幼虫も蛹室を作り始めていた**のだ。

最初は気のせいかとも思ったが、念のためインターネットで調べてみると、驚くべきことに、カブトムシのブリーダーにとって、これは常識であることが分かった。さらに、筆者は未確認ながら、この現象はどうやら海外のカブトムシにも見られるらしい。

外国産の高価なカブトムシの幼虫を飼育している人たちは、オスとメスがまったく別のタイミングで羽化してきてしまうと彼らを交配させることができなくなる。カブトムシの仲

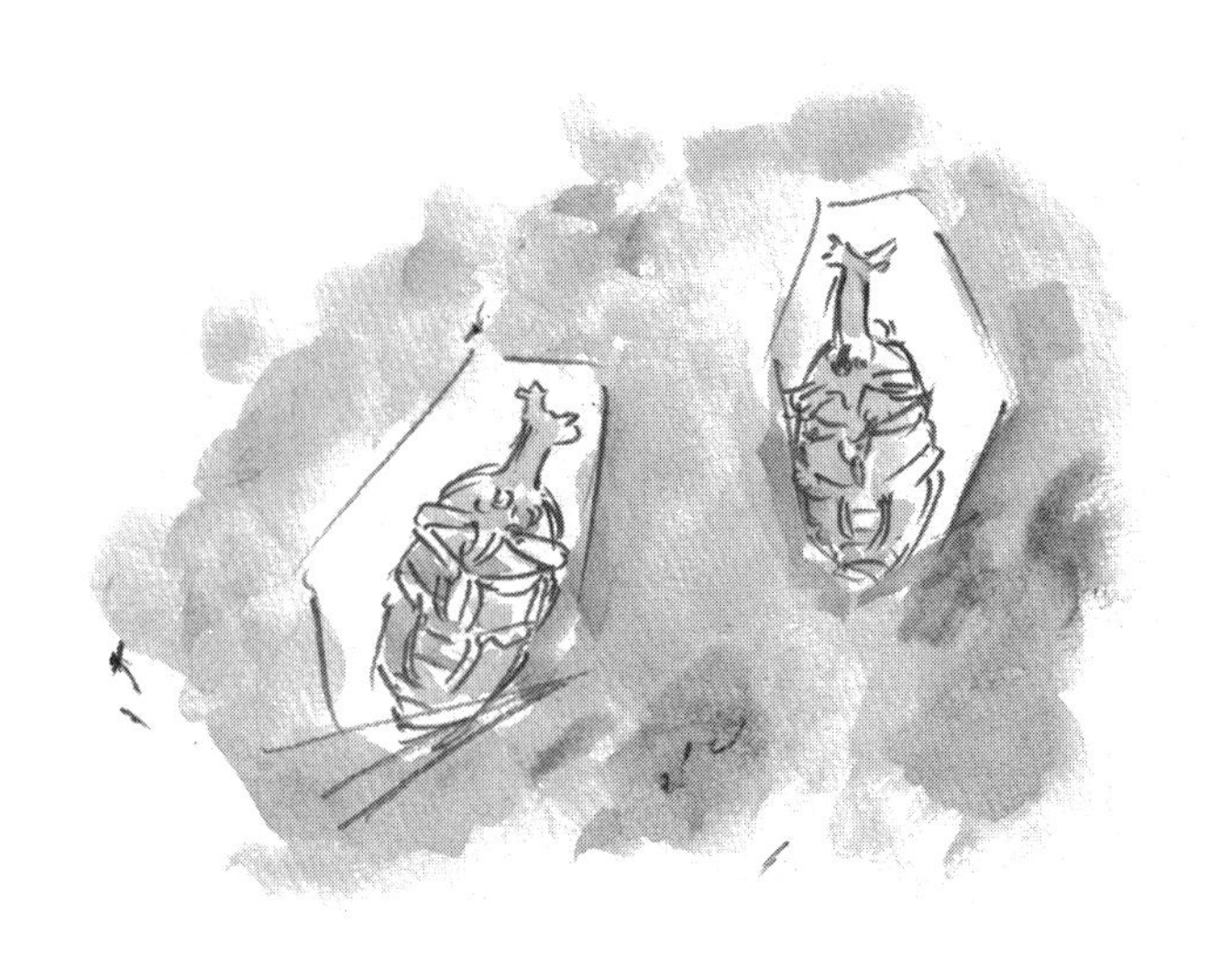

ある幼虫が蛹になるとその周りの幼虫も一斉に蛹になる

間は成虫の寿命が一般的にそれほど長くないからだ。それを防ぐために、ブリーダーはオスとメスの幼虫を同じ容器で飼育するという。そうするとオスとメスがかなり近いタイミングで蛹になり、羽化する時期をそろえることができるのだ。

カブトムシの場合、研究者はほとんどいないけれどブリーダーは多い。彼らはライフワークとして何十年にもわたっていろいろな種類のカブトムシを飼育し、研究者よりも先に面白い現象に気づいているということがある。

さて、飼育下で蛹になるタイミングがそろうのは確からしいということは分かったが、野外においても同じような現象が起こっているのだろうか？　カブトムシは土の中で蛹になるので、野外で蛹（あるいは前蛹）になったタイミングを直接知ることは不可能に近い。しかし、カブトムシでは、25℃で飼育した場合、前蛹の期間は9日、蛹の期間は26日であると決まっている。野外から前蛹や蛹を掘り出して室内で飼育したうえで、蛹や成虫になった日付を記録し、それぞれから9日か35日さかのぼれば、その個体が前蛹になった日付を高い精度で推定できるはずだ。

筆者は4カ所の腐葉土置き場から初夏に前蛹や蛹を回収し、飼育室に保管して毎日観察し、蛹化または羽化する日を調べた。そこから逆算して前蛹になった日を推定したところ、生息場所の中において、そこに住んでいる幼虫のほとんどが、1週間以内という短い間に一斉に蛹になっていたことが分かった(4)。

▼一斉蛹化のメカニズム

では、一緒に育った幼虫はなぜ近いタイミングで蛹化するのだろうか？　同じ場所にいる幼虫は1匹の母親から同じ日に産まれたものかもしれない。彼らが同じ場所で育てば、似たような温度条件を経験するはずであり、ほとんど同じ日に蛹になるのは一見当たり前に思える。

一方、別の可能性として、同じ生息場所に住む個体どうしが情報のやり取りを行い、蛹になる時期を同調させているということも考えられる。思い出してほしいが、彼らは集まって生活しているため、周囲の個体の発育状態をチェックする機会があるはずである。

しかし、この二つの仮説を区別するためには、現象をそのまま観察しているだけでは不十分で、操作を加えた実験をする必要があるだろう。

筆者は、幼虫どうしがやり取りをして蛹になるタイミングを決めているのではないかという仮説を実験で確かめることにした。春先に一つの生息場所からたくさんの幼虫を採集し、飼育ケースに2匹ずつ幼虫を入れ、毎日観察して、それぞれの幼虫が蛹になった日を記録したのだ。

その結果、同じ容器に入った2匹の幼虫はほぼ同じ日に蛹になるか、長くともせいぜい3日くらいしかずれないことが分かった。一方、異なる二つの容器からランダムに幼虫を1匹ずつ抽出し、その2匹が蛹になった日の差を計算すると、平均約8日であった。つまり、互いに接触のない幼虫2個体は、蛹化するタイミングが8日間ずれると理論上は期待される。これは実際に観察されたずれよりも統計的に十分に大きい値であった。

以上の結果から、接触のある幼虫どうしが何らかのやり取りをして、蛹になるタイミングを合わせている可能性が強まった。

▼周りに合わせて無理やり蛹になる幼虫たち

それでは、幼虫たちはどのようにして蛹になるタイミングを合わせるのだろうか？発育状態の違う2匹の幼虫どうしが情報のやり取りをして同じタイミングで蛹になることを想像してみてほしい。三つのプロセスが考えられる。

一つめは、発育の早い幼虫が、自分より発育の遅い個体がいるときに蛹になるタイミングを遅らせるというものである。

二つめは、一つめとは反対に、発育の遅い個体が、自分より発育の早い個体につられて、本来のスケジュールよりも早く蛹になるというものだ。

そして三つめは、一つめと二つめが同時に起こる、つまり双方が歩み寄るというものだ。

これら三つのいずれかの仕組みで同調は起こるはずである。発育状態の違う個体を混ぜて、それぞれの幼虫が蛹化したタイミングが分かれば、これらを実験的に区別できるだろう。都合がいいことに、冬に採ってきた幼虫は、冷蔵庫で冷やしておけば、その間発育を止めておくことができる。

筆者は、野外から採った幼虫をランダムに二つのグループにわけた。片方のグループをある日一斉に冷蔵庫から取り出し、その18日後にもう一つのグループを冷蔵庫から取り出した。

つまり早く冷蔵庫から取り出した方のグループは、もう片方に比べて平均約18日分発育が進んでいるはずである。そして、成長の早いグループ、成長の遅いグループをそれぞれ単独で飼育したもの、成長の早いグループと成長の遅いグループを1匹ずつ混ぜて飼育したものを作り、それぞれの幼虫が蛹になるタイミングを調べた。幼虫の頭に油性ペンで、グループごとに異なるマークをつけておき、あとで脱皮殻を調べることで、それぞれの幼虫が蛹になった日付を知ることができた。

この実験の結果、発育の異なる2匹を一つの容器で育てた場合、発育が早い方の幼虫は、単独で育てられたときよりも遅く蛹になっていた。同時に、発育の遅い方の幼虫は、単独の個体よりも、成長が早い個体と一緒に育てられた場合に、より早く蛹になっていた。つまり、上に挙げたうちの三つめのプロセスが起こっていることが証明されたというわけだ。(4)

このような両者の巧みなタイミング調節の結果、本来は2個体の間に18日分の発育の差があったにもかかわらず、同じ容器に入れられた2個体間の蛹化日のずれは、わずか数日へと短縮された。近くにいる幼虫が自分よりも成長が遅いのか早いのかをどうやって知るのかなど、この現象の詳細なメカニズムはまだまだ謎に包まれている。しかし、かなり複雑なコミュニケーションが行われていることは想像に難くない。

さらに、このようなタイミング調節によって、幼虫の体重は単独で蛹になったときよりも軽くなってしまうことも分かった。つまり、**生理的な面から言えば最適とはいえないタイミングに〝無理〟をして蛹になっていた**のである。

コストを払ってまで蛹になるタイミングをまわりの個体と合わせるのはなぜだろうか。この問題はまだ解決していないが、成虫になるタイミングを逃さないようにするための適応かもしれない。カブトムシは野外では発生期間がごく短いため（ピークは約2週間）、そこを逃して羽化してしまうと、交尾相手が見つからずにあぶれてしまうかもしれない。

▼隣り合う蛹室

幼虫たちは、蛹になるタイミングを合わせるだけでなく、他にもさまざまな相互作用を行っている。蛹室の中の蛹を野外で掘り出しているときに、蛹室がまるでマンションのように互いに隣接して作られていることに気づいた。幼虫のときと同じように、初夏に野外で蛹を掘り出し、その分布を調べてみた。すると、蛹室も強く集中分布を示すことが分かった。たとえ幼虫の餌場（えさば）が数十平方mにわたって広がっていても、そのうち1m四方にも満たないほどの狭い範囲に蛹室が集中していることもあった。

密集するカブトムシの蛹室

幼虫が集まるのだから蛹室が集中して作られるのは当たり前のように思われるかもしれない。確かに幼虫が集まって生活しているということが、蛹室の集中分布を生み出す根本的な要因の一つであることは間違いない。しかし、蛹室の分布パターンは幼虫のものよりもずっと強い集中分布を示していた。つまり、蛹室を作るときには、幼虫たちがさらに積極的に集まってきている可能性が高い。

そこで、蛹室を作ろうとしている幼虫を引きつける成分が、蛹室の材料に含まれているのではないかと予想し、実験により確かめることにした。蛹室を砕いたものをメッシュの袋に入れ、腐葉土の入った飼育容器に埋め込んだ。そして成熟した幼虫を1匹放し、その個体が容器のどこに蛹室を作るかを調べてみた。

結果は非常に明快だった。放たれた幼虫はほとんどの場合、蛹室の入ったメッシュの袋のすぐ近くに自分の蛹室を作った。幼虫は先にできた蛹室に含まれる何らかの物質（おそらく二酸化炭素ではない）に反応し、その近くで蛹室を作ろうとする性質があるようだ[1]。

しかし、何のために集まって蛹になるのかについては、まだ分かっていない。もしかすると、集まることで病原菌や天敵から身を守ることができるのかもしれない。あるいは、先にできた蛹室を支えにして、頑丈な蛹室を作ることができるのかもしれない。

23

【蛹の行動の謎】

蛹が回転するのはなぜか？

▼蛹の回転運動の謎

昆虫の蛹(さなぎ)と言えば、動くことなくじっとしているというイメージをお持ちかもしれない。確かに、どんなに刺激を与えても微動だにしないという種も多い。

しかし、そうでない種も存在する。たとえばアゲハチョウなどの多くのチョウの蛹は、接触刺激に対して激しく腹部を動かし反応する。これは、卵を産みにやってきた寄生バチや寄生バエを追い払う効果があるかもしれない。そして、カブトムシの蛹も同様に、**手で触れるなどの物理的な刺激を与えると腹部を盛んに回転させる**ことがよく知られている。しかし、カブトムシの蛹は何のためにこのような動きをするのだろうか？　一見何の役にも立ちそう

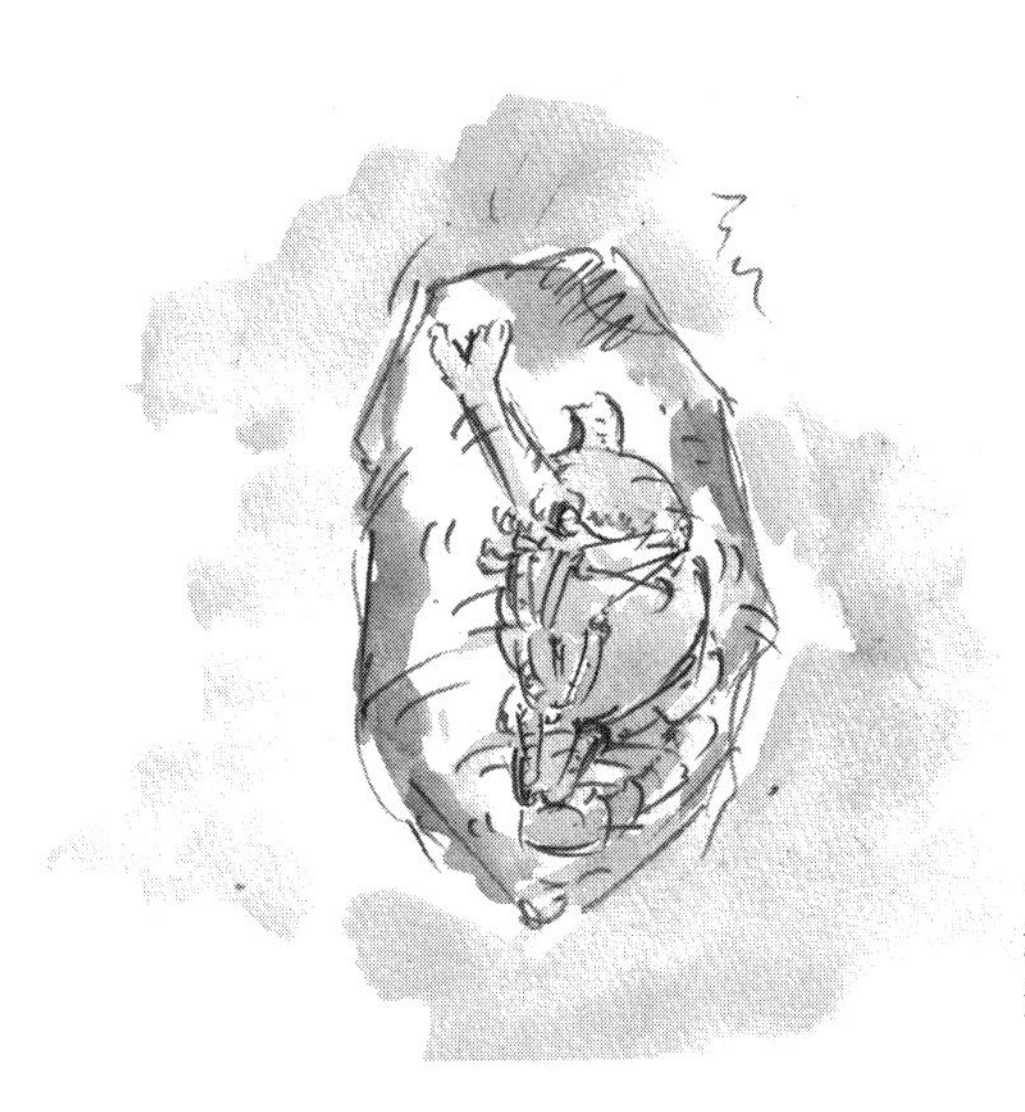

カブトムシの蛹は刺激を与えると腹部を激しく振動させる

になく、この回転運動の機能は長い間謎に包まれていた。

ここまで紹介したとおり、幼虫は先にできた蛹室（ようしつ）の近くにやってきて、そこで自らも蛹室を作る。このとき、やってきた幼虫は先にできた蛹室と必ず一定の距離を保っており、それを壊してしまうようなことはほとんど起きない。なぜ、蛹室どうしに絶妙な距離が保たれるのか、考えてみるととても不思議である。

蛹室の壁は物理的にそれほど頑丈ではないので、他の幼虫が土を掘って蛹室を作るときに壊してしまうことが起こりうる。蛹室の中の蛹は、それを防ぐための何らかの仕組みを持っているのではないだろうか。蛹の行動を観察すれば何か分かるかもしれない。

蛹室はたいてい飼育容器の壁面に沿って作られるため（野外でも埋もれた木材のような堅い構造物に寄りかかるようにして蛹室が作られることがある）、蛹室中の蛹の様子はプラスチック越しに見ることができる。蛹の入った容器に幼虫を何匹か入れ、蛹と幼虫の行動を観察してみることにした。

しばらく観察していると、幼虫のうちの1匹が蛹室の方へ近付いていった。何が起こるかと見守っていると、幼虫がまさに蛹室の壁に到達しようかというとき、蛹が蛹室の中で回転運動を行ったのである。幼虫は動くのをやめ、蛹室に近付くことはなくなった。このような幼虫と蛹の行動を何度か観察し、蛹の回転運動は、幼虫から蛹室を守ることと関係しているのではないかと筆者は考えるようになった。

まずは蛹室の中の蛹が回転運動をできないようにしてしまうような実験を考えた。筆者の予想が正しいのなら、蛹が回転運動をしなければ、蛹室はすぐに幼虫に壊されてしまうはずである。蛹室の中の蛹を殺すため、中に蛹室を作らせた飼育容器を冷凍庫に約1時間置いた。冷凍庫から取り出してしばらく常温に戻し、蛹が動かなくなっているのを容器の外から確認したのち、蛹室を作る直前の幼虫を1匹容器に投入した。比較対象として、冷凍処理していない蛹も用意し、同じように幼虫を1匹投入した。それぞれの容器を6時間後に観察し、蛹室が壊されたかどうかを調べた。結果は期待したとおりだった。

蛹室の中の蛹が死んで動かないとき、89%(9回中8回)もの試行で、幼虫は狭い容器の中を動き回り、蛹室を壊してしまった。幼虫は蛹を食べてしまうようなことはなかったが、土の中を動き回って蛹室の近くに来たときに、知らず知らずのうちに蛹室を壊してしまうのだと考えられる。

一方、蛹を生かしたままにしておいた容器では、わずか9%(11回中1回)しか蛹室は壊されなかった。**蛹の回転運動はやはり幼虫を避けることに役立っていそうである。**

▼幼虫はなぜ蛹がいることが分かるのか?

ところで、カブトムシの蛹は、何かに直接触れたときに回転運動を行うが、現実の状況では、幼虫が蛹室に侵入してから蛹が回転運動をしても手遅れである。さまざまな実験や観察を行った結果、直接の接触刺激だけでなく振動などの刺激を与えられたときも蛹は回転運動を行うことが分かった。幼虫が蛹室のすぐ近くまで来てごそごそと動いたり蛹室をかじると、それらが振動として蛹に伝わるのだろう。実際に、同じ容器に幼虫を入れた場合は、いない場合に比べて10倍以上の頻度で回転運動を行うことも分かった。

では、幼虫の側はどのようにして蛹がそこにいることを知るのだろうか。

幼虫は蛹が回転運動をしているかどうかを土の中で視覚的に確かめることはできない。幼虫が感知しているとすれば、蛹が回転運動をするときに生じる振動しか考えられない。

確かに蛹が蛹室の中で回転運動をすると、人にも十分感じ取れるくらいの大きさの独特の振動が生じる。カブトムシの飼育愛好家たちは自分が飼っている幼虫が蛹（あるいは前蛹）になったかを確かめるため、飼育容器をコッコッと叩いたり軽く揺らしたりして刺激を与え、容器に耳を当てる。蛹になっていれば、与えられた刺激に反応し、蛹が動く振動がゴソゴソという音としてはっきりと聞こえるのである。

音響生物学の専門家らとともに、蛹の振動がどのような特徴を持っているのかを調べてみた。また、同時に回転運動を行う動画も撮影（さつえい）した。記録した動画と振動を解析することで以下のことが分かった。

刺激を受けた蛹は、5～10回ほど腹部を回転させる。一回転するのに約1・3秒かかり、一回転するたびに背面が蛹室の壁にぶつかることで規則的な振動が発生していた。周波数は500ヘルツ以下の成分を多く含み、100ヘルツ前後の低周波成分が最も多く含まれるこ

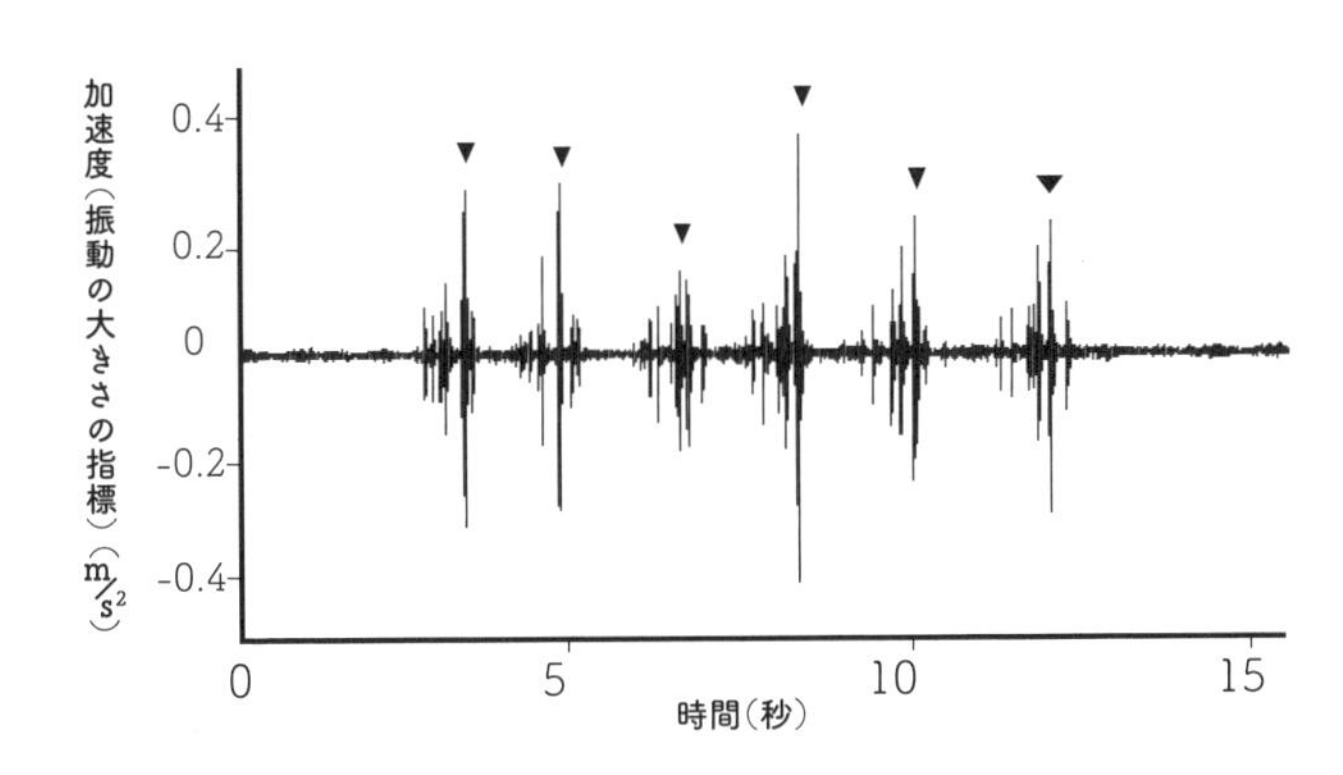

◎振動実験

蛹の背面が蛹室とぶつかるたびに、矢印で示した大きな振動が発生する。この蛹は６回転したことが分かる。

とも分かった。

蛹の回転運動に伴う振動が幼虫を避けるのに役立っていることを証明するためには、幼虫に蛹の振動を与えたとき、どのような反応をするのかを観察する必要がある。

この実験を行うため、共同研究者とともに、記録した蛹の振動を幼虫に与えるようなシステムを構築した。詳細は省くが、カブトムシマットを入れた容器に、蛹室に見立てた空間（人工蛹室）を人工的に作り、そのすぐ近くから蛹の振動を再生できるようなシステムである。そこに幼虫を1匹入れ、実際のものと同じくらいの強度で蛹の振動を10秒ごとに再生し、1時間後に人工蛹室が幼虫によって壊されたかを確認した。

実験を繰り返し行った結果、**蛹の振動を再生したときは人工蛹室が幼虫に壊される確率は約５％と、極めて稀**であった。それに対し、振動を再生しないときは、土の中を幼虫が動き回り、約60％の確率で人工蛹室は壊されてしまった。また、人工的に合成したさまざまな振動を蛹の振動の代わりに幼虫に与えたところ、１００ヘルツ前後の低周波をパルス状に再生したときに限り、人工蛹室は壊されなかった。やはり蛹の発する振動は、幼虫をある一定の距離以上は寄せ付けない効果があるようだ。プロローグ(3)

24

【蛹の回転運動の意味】

幼虫が回転する蛹を避けるのはなぜ？

▼幼虫の反応

幼虫は蛹の振動を感じ取ると蛹室を避けるということは分かったが、どのような行動をとるのだろうか？

大きく分けると、**逃げる**ということと**動きを止める**という二つの可能性が考えられるだろう。行動観察によると、幼虫が動きを止めているように見えた。とはいえ土の中で幼虫の行動はいつも観察できるわけではなく、どのくらいの間動きを止めているのかというように、客観的なデータを得るのは簡単ではない。

しかし、幼虫が動いているかどうかは直接観察せずに調べる方法があった。それは幼虫が

振動する蛹を避ける幼虫

土の中を動くときに生じる振動を調べるというものだ。

幼虫の行動を調べるため容器に幼虫を入れ、振動センサーを腐葉土に差し込んだ。狙い通り、断続的に幼虫の発するノイズが記録できた。それを20分間モニターした後、実際のものと同じくらいの強度で、蛹の振動を約30秒間与えてみた。するとその直後から幼虫のノイズがぴたりと記録されなくなった。これは幼虫が動きを止めたということを意味している。幼虫は平均約8分、長いときでは15分以上もの間動くことはなかった。やはり幼虫は蛹の振動を感知したときに逃げるのではなく、**動きを止めている**のである。(5)

▼幼虫は蛹に騙されて動きを止めている？

ではなぜ蛹の振動を感知すると幼虫は動きを止めるのだろうか。一つめは、蛹を傷つけないためということが考えられるが、それは蛹にとってはありがたいことだろうが幼虫にとっては何の得にもならない。だからこの可能性は考えにくい。

二つめの可能性として、幼虫は天敵回避などのためにある特定の振動を感知すると動きを止める性質をもともと持っており、蛹がそれを利用しているということが考えられる。幼虫の天敵としてはモグラが知られている。実際に筆者のフィールドでも、腐葉土にいる幼虫が、モグラによってわずか1週間ほどの間に全滅してしまうことがしばしばあった。モグラが餌（えさ）を探して土を掘り進めるときに振動が発生することが知られている。この振動を幼虫に聞かせてみれば何か分かるはずだと考えた。

幸運にもモグラの出す振動の電子ファイルを手に入れることができた。それをカブトムシの幼虫に対して再生してみた。すると幼虫は蛹に対してと同じように約10分間動きをじっと止めることが分かった[6]。さらにモグラの振動を解析すると、カブトムシの蛹の振動が出す振動と共通するいくつかの特徴を持っていることが分かった。すなわち100ヘルツ以下の低周波成分を多く含み、やや不規則ではあるが約1秒おきに大きなパルス状の振動が発生して

◎ハナムグリの蛹
カブトムシとは違い、刺激を与えてもほとんど動かない。土繭という頑丈な蛹室を作る。

いた。モグラ自身も餌の昆虫やミミズが発する振動を手がかりとするといわれているため、モグラが近くにいるときにカブトムシの幼虫が動きを止めるのは、モグラを回避するという点で合理的な反応であるといえる。このことから考えると、蛹はモグラの振動を擬態しており、幼虫は蛹にだまされて動きを止めるのかもしれない。

この仮説を別の角度から検証してみた。興味深いことに、**蛹が回転運動によって振動を出すのはコガネムシ科の中でもカブトムシ亜科に限られる**。

たとえばコガネムシ科のハナムグリ亜科では、蛹はどんなに刺激を与えられてもほとんど動かない。彼らはカブトムシと違っ

◎アオドウガネの蛹
腹部をわずかに回転させるが、カブトムシが出すほどの振動は出さない。

て、土繭（つちまゆ）と呼ばれる頑丈な蛹室を作るため、蛹が振動を出して幼虫から逃れる必要がないのである。

また、アオドウガネなどの植物食性のコガネムシの仲間では、蛹はわずかに腹部を回転させることはあるが、とても振動を出せるほどの激しい動きではない。彼らはカブトムシほど幼虫や蛹の時期に密集して生活しないためかもしれない。進化的に見ると、本来コガネムシ科は蛹が振動を発することはなかったが、カブトムシ亜科が進化する過程で蛹が振動を発するという性質が一度だけ獲得されたようである。

では、蛹が振動を発しない種の幼虫に、仮にカブトムシの蛹が発する振動を与えたら、幼虫たちはどのような反応を示すのだろうか。ハナムグリやアオドウガネの幼虫を使って試してみることにした。

実験の手法はカブトムシの幼虫に対して振動を与えたときのものと同じである。幼虫が土の中を動くときに生じるノイズを測定することで幼虫の行動を調べた。その結果、それらの幼虫もカブトムシの幼虫同様、カブトムシの蛹の振動を与えると約10分間にわたって動きを停止させた。

このことから、カブトムシにおいて、**蛹が振動を進化させるよりも前から、幼虫には潜在的に蛹の振動に対する反応性が備わっていた可能性が強まった**。そしてそれはモグラなどの天敵を避けるのに役立っていたのかもしれない。蛹はそのような幼虫の性質を逆手にとって、振動を生み出すための特殊な行動を進化させたのだろう[5]。

▼進化で読み解く回転運動

蛹の振動や回転運動の進化的起源についても考えてみたい。先ほど説明したように、腹部を回転させることは、昆虫の蛹に広く見られる行動である。回転運動は、寄生者やアリなどの小さな天敵を振り払うのに役立っている可能性が高い。カブトムシの蛹に見られる腹部の回転運動も、最初のうちはダニなどの小さな外敵を振り払うための行動だったのかもしれない。そして、幼虫との相互作用を続けるうちに、より振動を効率よく発するように洗練されていったのではないだろうか。

この章では、カブトムシの幼虫や蛹がさまざまな相互作用を行っていることを述べてきた。幼虫は、一見するとひたすら静かに腐葉土を食べ続けているだけに見える。また、単独で飼育してもきちんと成長して立派な成虫になる。そのため、幼虫たちがこれほど複雑な情報のやり取りを土の中で行っていることは、最近まで知られていなかった。カブトムシと言えばその姿かたちから成虫が注目されがちだが、幼虫もとても面白い生態を持っていたのである。皆さんも幼虫を手に入れたら、ぜひ数匹をまとめて一つのケースに入れて飼って、そのコミュニケーションに思いを馳せてみてほしい。また、よく観察してみると、驚くような未知の発見があるかもしれない。

コラム④ 昆虫の蛹の不思議な生態

▼昆虫はなぜ蛹になるのか？

カブトムシをはじめとして、チョウ、ハエ、カ、トビケラなどは、幼虫から成虫に直接変態するわけではなく、蛹を経由する。このような発生様式を完全変態という。

一方、蛹を経ずに、幼虫が脱皮してそのまま成虫になる昆虫も多く存在する。このタイプには、セミ、トンボ、バッタ、カマキリ、カメムシなどが該当し、不完全変態昆虫と呼ばれる。また、アザミウマは不完全変態昆虫として分類されるが、系統的に完全変態昆虫に近く、成虫期の前に、一見蛹のような時期が見られることも知られている。

昆虫の祖先である甲殻類（エビ、カニなど）、多足類（ムカデ、ヤスデ、ゲジなど）や、最も原始的な昆虫であるシミやイシノミが蛹にならないことから推測できるように、蛹になるという性質は、昆虫が多様化する過程で一度だけ獲得された特有のものである。完全変態昆虫は種数にして昆虫の約80％をも占める（その大部分が甲虫目である）。

なぜ多くの昆虫は蛹になるのだろうか？

蛹というのは、幼虫というステージをリセットし、体を大きく作り変えるためのステージである。幼虫と成虫では、それぞれの〝目的〟に適した体の形が存在する。

たとえば、幼虫は一般的にあまり移動する必要がないため、翅（はね）や発達した脚は不要である。幼虫の仕事はたくさんの餌（えさ）を食べてできるだけ大きくなることだ。カブトムシをはじめ、チョウやハエの幼虫のようなイモムシ型は、体重当たりの表面積が小さいため、呼吸で失われるエネルギーが少なくてすみ、効率よく成長することができるのである。

一方で成虫の最大の仕事は、子どもを残すことである。カブトムシの場合、配偶相手や産卵場所を探すために飛び回らなければならない。木の枝や幹の上を歩き回るための頑丈な脚も必要だ。幼虫のように安全な土の中にいるわけではないので、堅い表皮や前翅（ぜんし）によって身を守る必要も出てくる。チョウの場合であれば、やはり飛び回るための翅が必要になる。体の形を大きく変えるためには、蛹というステージを挟む必要があるのだ。

もう一つ、不完全変態昆虫と完全変態昆虫との比較で注目すべきなのは、成虫と幼虫の餌である。不完全変態昆虫は、幼虫と成虫で基本的に食べるものは変わらない。たとえばセミは、幼虫と成虫もストローのような鋭い口吻を植物に刺して樹液を吸う。トンボも、幼虫は水中、成虫は陸上と、生活する環境こそ全く違うが、生きた動物を捕まえて食べるという点では共通している。そのため、両者とも〝齧（かじ）る〟ための口を持っている。バッタやカマキリについても、やはり成虫と幼虫は同じ餌を同じような方法で食べている。

それに対して完全変態昆虫は、幼虫と成虫で食べ物や〝食べ方〟が違っている場合がほとんどである。カブトムシにおいては、幼虫は朽木や土のような有機物を齧り取るための口を持つ一方で、成虫は樹液を舐めとるためのブラシのような口を持っている。同様にチョウやガも、幼虫は植物の葉を齧り取るのに対し、成虫はストローのような口で花の蜜などを吸う。

このように、成虫が幼虫と異なる餌を異なる方法で利用するためには、口や消化管の構造などを全く新しいものへと作り変えなければならない。これを成し遂げる唯一の方法が、蛹になるというものである。

▼蛹の防衛戦略

このように、蛹になると多くのメリットが生まれるが、一方で蛹は一般的に移動性に乏しく、外敵に狙われやすいステージでもある。それゆえ昆虫の蛹はさまざまな防衛戦略を進化させている。

最もユニークなのはヘビトンボの仲間である。ヘビトンボは、トンボとは全く近縁ではなく、強いて挙げるならば、クサカゲロウやウスバカゲロウ（アリジゴク）に近い完全変態の昆虫である。ヘビトンボの蛹は脚を持ち、

ヘビトンボの蛹。動ける。刺激を与えると大顎で噛みついてくることも

動き回る。また、刺激を加えると大顎で噛みついてくることもある。

他にユニークな生態を持つものとしては、ヨーロッパに広く分布するゴマシジミの1種マクリネア・リベリ（*Maculinea rebeli*）が挙げられる。このチョウは蛹や幼虫がアリの巣に寄生し、アリからの世話を受ける。蛹や幼虫は、寄主の女王アリが出すのとそっくりな音を発する。その音にはたらきアリは騙され、女王が受けるのと同様な手厚い保護を受けることができるのである(1)。

一部の種の昆虫は以上のような面白い防御行動を見せるが、蛹の防御としてもっと普遍的なのは、繭（まゆ）などの物理的なバリアを作ることである。

たとえばコガネムシ科の中にも、ハナムグリ亜科のように、自身の糞や身のまわりの目の粗い土を用いて頑丈な繭（土繭（つちまゆ）とよばれる）を作るグループや、植物食のコガネムシ類のように、終齢幼虫が自らの脱皮殻に包まれて蛹になるものもいる（実際に防御に役立つかは不明である）。

ガの仲間にも繭を作るものが数多く知られている。ご存じの通り、カイコの仲間は丈夫な糸を口から吐き、繭を作る。イラガの仲間も繭を作る身近なガの一つである。サクラ、ケヤキ、カキなど、広葉樹の幹に長径1㎝ほどの卵型の繭がへばりついているのを見たことがある人も多いだろう。石灰分を多く含むこの繭はとても頑丈であり、多くの外敵の侵入をシャットアウトできる（ただしシジュウカラやコゲラなど、イラガの繭をものともしない天敵もいる）。

このように、対捕食者戦略という観点から色々な昆虫の蛹を観察してみるのも面白いだろう。

第5章　独自の進化を遂げた島のカブトムシ

25

【閉鎖環境でカブトムシはどう進化したか】

島暮らしで変化した不思議な見た目のカブトムシ

▼短い角を持つカブトムシ

国外ではガラパゴス諸島やハワイ諸島、国内では琉球列島や小笠原諸島など、島では本土には見られないような風変わりな生物が数多く見られることは古くからよく知られている。島は閉鎖空間であり、本土の個体群からの遺伝子の流入がほとんど起こらない。加えて、島には独特の環境や生態系が形成されている。その中で生物は独自の進化を遂げてきた。

カブトムシも例外ではない。島には不思議な外見や生態を持つカブトムシが生息している。筆者は5年ほど前から島のカブトムシの研究に着手し、彼らの生態が少しずつ解明されつつある。この章では、そうした島のカブトムシの生態に関する最新の研究結果について紹介し

屋久島に生息するカブトムシのイメージ図

よう。

多くの島のカブトムシに共通して見られる最大の特徴は、**オスが短い角を持つ**ということである。第1章で紹介した沖縄諸島のカブトムシではとりわけ顕著である。遺伝的に比較的近縁な台湾や中国南部の個体群に比べ、沖縄のカブトムシのオスは、体に対してずっと短い角を持っている。さらに、沖縄以外の島でも同様の現象が見られることが、最近になって分かってきた。

ある日、筆者はインターネットで偶然屋久島のカブトムシの写真を目にし、違和感を覚えた。体のプロポーションが、普段本州で見ているものと異なっ

屋久島（左）と本州（右）のカブトムシ。体の大きさがほとんど同じ個体でも、角の大きさが異なる

ているように見えたのだ。その後さらにインターネットで情報を集めると、「屋久島のカブトムシは短い角を持つ」とはっきりと記述しているサイトも発見した。きちんと調べる必要があると感じ、すぐに屋久島へ調査に出かけた。

屋久島ではカブトムシは、海岸沿いの集落周辺の林に高密度で生息しており、幸いすぐに採集することができた。オスを手にした瞬間、本土のものとは別物であると確信した。採集した200匹ほどのカブトムシを持ち帰り、角の長さを計測したところ、予想した通り、体の大きさと角の長さの関係は本州のものと大きく異なることが分かった。

屋久島で採集したメス（上）と山口県で採集したメス（下）

ちなみに、屋久島などの個体群は、角の短さなどの形態的な特徴から、のちに新亜種（*T. dichotomus shizuae*）として記載されることになる(1)。

翌年以降、周辺の島も調査したところ、種子島や口永良部島など大隅諸島の他の島のカブトムシも同様に、体の大きさに対して短い角を持つことが判明した（ただし、口永良部島の個体群に関しては、短い角を持つことが以前から示唆されていた(2)）。

その後、他の島、特に九州周辺にはまだ短い角を持つ個体群がいるのではないかと、さまざまな情報に目を光らせていると、インターネット上に再び〝怪しい〟画像を発見した。撮影地は長崎県五島列島の福江島である。体形は屋久島のものにそっくりに見えた。また、図鑑[2]にも、福江島では小さな角を持つ個体が多いとの記述が見つかった。

シーズンがやってくるとさっそく福江島へ飛んだ。福江島でもカブトムシの密度は高く、多くの個体を短期間のうちに採集することができた。形態の調査を行ったところ、体の大きさと角の長さの関係は大隅諸島の個体群のものとほぼ一致することが明らかとなった。まだ調査は十分ではないが、福江島以外の五島列島の島でも、短い角を持つ個体群が分布しているようだ。

五島列島の次に目を付けたのは、鹿児島県の甑島列島である。甑島列島は東シナ海に浮かぶ上甑島と下甑島というおもに二つの島から成る。地理的には五島列島と大隅諸島の中間あたりに位置するため、どのようなカブトムシが住んでいるのか、非常に興味をそそられた。

2018年の夏に研究室の学生が10日ほど滞在して調査を行った結果、甑島列島では、本土で見られる長い角を持つ個体、五島列島や大隅諸島の個体群のような短い角を持つ個体、さらにそれらの中間的な長さの角を持つ個体が入り混じっていることが分かった。

▼短い角は進化に有利

このように九州周辺で、カブトムシの角の長さが多様化していることが明らかとなった。ただ、それぞれの島や本土の個体群間の系統関係は現時点では不明であり、島への侵入の経路や歴史なども未解明である。

また、九州周辺のすべての島で短い角の個体群が見られるというわけではない。たとえば長崎県の対馬や山口県の見島（みしま）の個体群では、オスの角の長さは本土と変わらない。しかし、沖縄諸島でも独立に短い角が進化していることを合わせて考えると、島という環境は短い角の進化に有利にはたらくというのは間違いなさそうだ。

ある個体群における進化的に最適な角の長さは、長い角を持つ有利さ（オスどうしの競争に勝つこと）とコスト（生産するエネルギーや外敵からの捕食圧（ほしょくあつ））のバランスによって決まる（第2章参照）。島と本土（あるいは長い角を持つ個体群の分布する島）の間で環境条件を比較することで、なぜ一部の島で短い角のカブトムシが進化したのかを解明できるかもしれない。あるいは、個体群間の系統関係を調査することで、短い角は祖先的な特徴なのか、それとも長い角が退化して生じた〝派生的〟な特徴なのかも解明できるだろう。

26

【小さくなることのメリット】

島のカブトムシが小型化するのはなぜ？

▼遺伝的に小さい島のカブトムシ

大隅(おおすみ)諸島や五島列島などの島嶼部(とうしょぶ)で採集したカブトムシには、短い角を持つということ以外に、本土のものと比べて大きな違いがある。それは、**体の小ささ**である。オスもメスも、本州で見られるような大きな個体は、たとえ何百匹集めたとしても、全くと言っていいほど混じっていない。逆に、本土では見たこともないような極小の個体が大半を占める。筆者も初めて島で採集を行ったときは、角の短さよりもむしろ体の小ささに強く衝撃を受けた。カブトムシは同じ場所でも年によって体の大きさが変わることがある（第3章参照）。そのため、数年間島に通いデータを取り続けたが、多少の年変動はあるものの、大まかなパターン

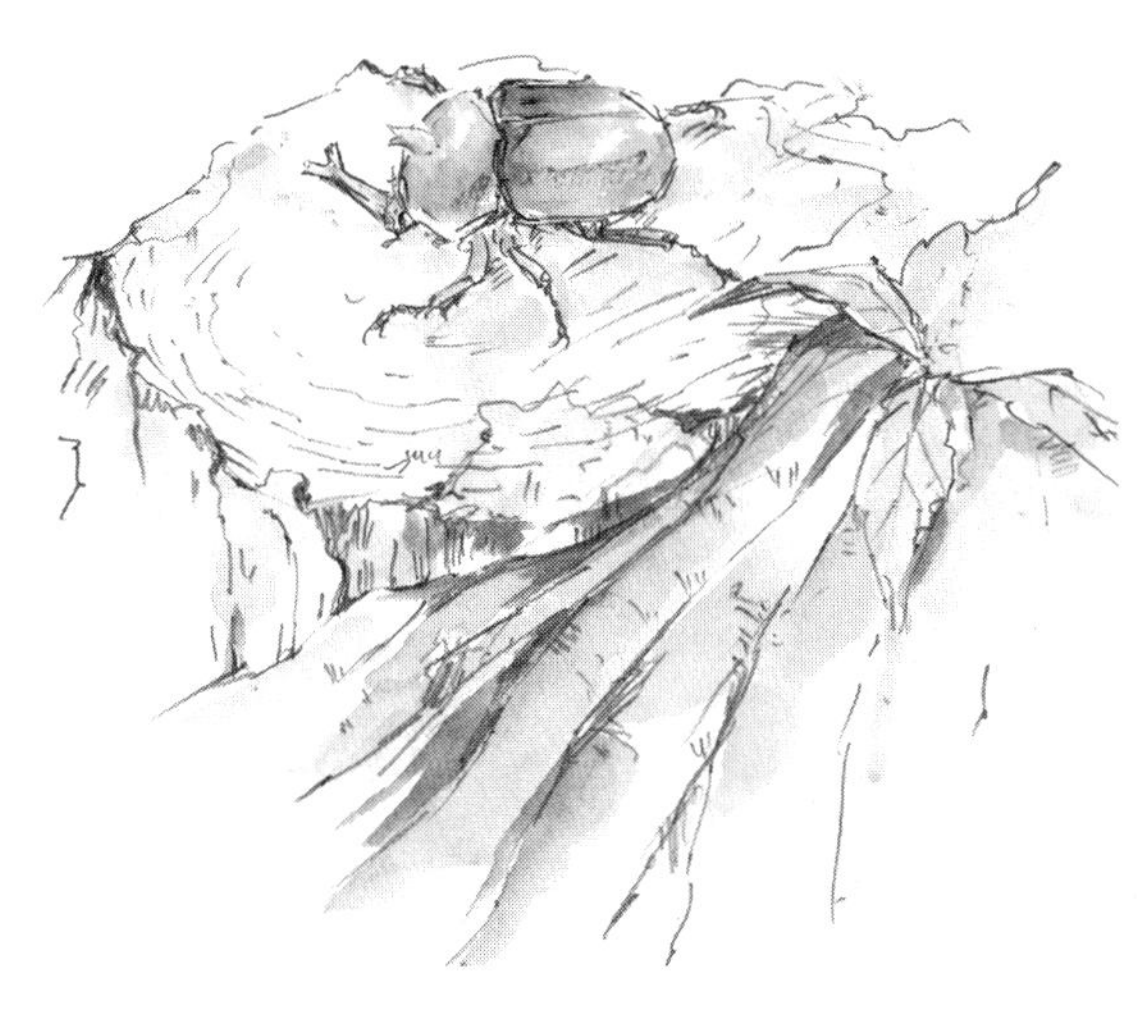

島のカブトムシは本土のカブトムシより体が小さい

はほとんど変わらなかった。

では、島で採集されるカブトムシはなぜ小さいのだろうか。幼虫期の栄養条件が悪いという可能性と、遺伝的に大きくなれないという可能性の二つが考えられる。

これらを区別するために、島と本土のカブトムシから得られた卵を、栄養条件をそろえた共通環境で飼育することにした。孵化（ふか）した幼虫にはカブトムシ用のマットを十分に与え、1匹ずつ好適な条件下で成虫になるまで飼育した。

そして8か月ほどして続々と羽化してきた島の個体の大きさを調べると、野外のものからは想像がつかないほど大きなものばかりだった。野外で得られた個体の測定値と比較してみたところ、室内で得られるくらいの大きさに達していた個体は、どの島でも0~3%程度しかいなかった。つまり、**島では幼虫の餌条件が悪いため、実現可能な最大サイズにまで成長することはほとんど不可能**ということである。

一方本土（本州や九州）では、地域や年によるばらつきは大きいものの、野外で採集される個体のうち10~30%くらいは、それぞれ対応する個体群を室内で飼育したときと同等のサイズに達することが多かった。五島列島や大隅諸島で実際に幼虫が何を食べているかはまだ分かっていないが、自然にできた朽木や樹洞中に蓄積したフレークなどの、栄養価の低い餌に依存しているのかもしれない（ただし、本土と同じように畑のたい肥などから見つかった例もあるようだ）。

さらに、飼育下で得られた成虫の計測値を本土と島で比較したところ、面白いことが分かった。確かに島由来の飼育個体は野外で得られる個体よりはかなり大きいのだが、本土（本州や九州）由来の飼育個体と比べると明らかに体が小さかったのである。大隅諸島や五島列島だけでなく、沖縄由来の飼育個体も近縁である台湾の個体群に比べて小さかった。とりわけオスでは小型化の程度が大きかった。特に沖縄と台湾由来の飼育個体の比較では、オスのみで体サイズに差が見られた。つまり、**島の個体、特にオスは、好適な条件下で飼育し**

たとしても、本土のものほどは遺伝的に大きくなれないのである。

▼島嶼化――体のサイズが遺伝的に変化

このように島の個体群で体サイズが遺伝的に小型化する現象は「**島嶼化**（とうしょか）」と呼ばれ、多くの動物で同じような現象が見つかっている（逆に大型化する例もある）。

ヒト属においても島嶼化と考えられる現象が知られている。絶滅種であるフローレス人（*Homo floresiensis*）は、インドネシアのフローレス島に生息していたが、成人でも身長が1・1mほどしかなかった[3]。他にも爬虫類（はちゅうるい）（恐竜を含む）、哺乳類、鳥類をはじめとした脊椎動物の多くで、島嶼化の例が知られている。

一方、無脊椎動物ではこれまでほとんど島嶼化の例は見つかっていないため、カブトムシの島嶼化は学術的に見て大変興味深いと言える。

では、なぜ島でカブトムシは遺伝的に小型化したのだろうか？　最も有力な仮説は餌資源の不足である。実際に島では、おそらく幼虫の利用できる資源が枯渇しているため、潜在的な最大サイズに達する個体はほとんど見られなかった。つまり、島では大きな体を作るような遺伝的なシステムを持っていても使い道がないのである。

ほとんど使わない器官が世代を経ると退化していくように、めったに役に立たないような遺伝的なシステムも、維持するのにわずかとはいえコストがかかるため、世代を経ると進化の過程で失われていくはずだ。オスで遺伝的な小型化の程度がメスよりも大きかったのも、オスは成長するのにより多く資源を使うため、資源不足の影響を受けやすかったからではないだろうか。

一方、本土では、低い確率とはいえ、幼虫は十分な餌にありつける可能性が残されているため、大きな体を作るようなポテンシャルを捨ててしまうのはあまりにももったいない。第3章で述べたように、大きな成虫は繁殖に圧倒的に有利だからである。

昆虫などの無脊椎動物で島嶼化が起こりにくい理由は、たいてい彼らが小さな体を持ち、餌資源の不足がそれほど問題にならないためかもしれない。つまり、大きな体を作るシステムが〝無駄〟になってしまうことはあまりないと考えられる。

一方、カブトムシは昆虫としては巨大であり、成長するために多くの餌資源を必要とする。相対的に見れば餌資源が潤沢であるはずの本土でも、大部分の幼虫は満足に餌を食べられないまま成虫になっているほどである。このような背景から、**餌資源が恒常的に枯渇する島という環境で、小さなカブトムシが進化したのだと考えられる。**

カブトムシ以外にも、南米のヘラクレスオオカブトなどでも、島嶼の個体群が小型であることがブリーダーの間で知られている。こうした情報を勘案（かんあん）すると、大型のカブトムシ亜科の中には、日本のカブトムシと同様に島嶼で小さな体を進化させた種が少なからず存在するのではないだろうか。

27

【本土のカブトムシにはない特徴】
餌の少ない環境で生きる島カブトムシの工夫

▼大きな卵を産む島のカブトムシ

幼虫の餌条件（えさじょうけん）が極度に悪い島のような環境の中では、母親にもなんらかの〝工夫〟が求められるかもしれない。筆者は、さまざまな地域のカブトムシを飼育する中で、**島のカブトムシが本土のものに比べて、平均して15％程度重い卵を産む**ことに気づいた。カブトムシでは、幼虫の餌条件が良好だったとしても、大きい卵から孵化（ふか）した幼虫はいいスタートを切ることができるため、大きい成虫になりやすい（第3章参照）。このパターンは、餌条件が悪いほど顕著になる。つまり餌条件が悪ければ、孵化時の大きさの重要性がより高くなるのである。

劣悪な餌条件の中では、孵化したときに体が小さければ、成虫になるまで生き延びること

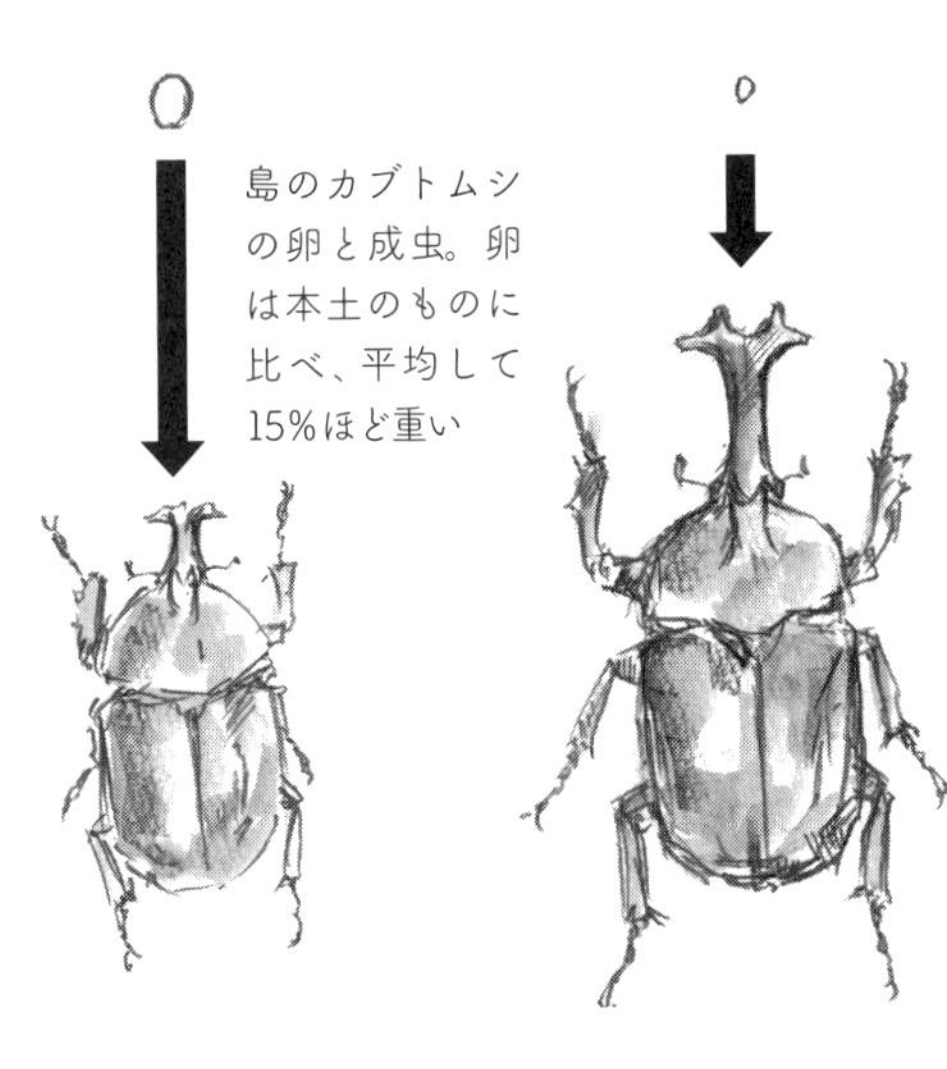

すら難しいかもしれない。

実際に筆者の研究から、小さな卵から孵化した幼虫は、初期での死亡率が高く、その効果は餌条件が悪いときにより顕著であることが分かった。さらに、栄養条件がいいときは、孵化幼虫の初期の死亡率は島と本土で変わらなかったのに対し、栄養条件が悪いとき、幼虫の初期の死亡率は島の個体群では本土よりもずっと低く抑えられていた。つまり、**大きな卵を産むことは、母親が、悪い条件の中で育つであろう自らの子の生存や成長を助けるための戦略であると考えられる。**

ただし、卵の大きさと産むことのできる卵の数には、トレードオフがあると予想される。たとえば、一つの卵に15%多く投資すれば、作ることのできる卵の数は理論的には15％減少するはずである。あまりにも大きな卵を産むと、その卵から孵化した幼虫は成功するかもしれないが、母親にとってはトータルで考えるとマイナスになってしまう可能性があるのだ。島に住む母親にとって得られる利益（＝将来に残す子の数）が最大になる戦略が、「15％重い卵を産む」というものなのかもしれない。

本当に島のカブトムシは本土のものに比べて産卵数が少ないかなど、卵の大きさの進化を解明するためには今後のさらなる研究が必要だ。

▼島のカブトムシは本土のものより脂肪が多い

島は幼虫だけでなく成虫にとっても過酷な餌環境である。五島列島や大隅諸島には、カブトムシが最も好む樹種であるクヌギの木がほとんど存在しない。

代わりに島のカブトムシが利用しているのは、おもに**タブノキ**である。タブノキは、クスノキ科の常緑植物で、それらの島では海岸沿いの植生のほとんどを占めるほどありふれた樹種である。自生数も膨大だ。しかしカブトムシにとっては残念なことに、餌場となるような樹液を出している木は極めて少ない。

島でのカブトムシの餌場は、他の昆虫に依存している。ホシベニカミキリという、2㎝ほ

五島列島などでカブトムシが餌場として利用するタブノキ

どの赤くて美しいカミキリムシが九州の島に生息しており、タブノキの枝に産卵や摂食（せっしょく）のために傷をつける。そこからわずかに染み出る樹液をカブトムシは利用しているようだ。未確認ながら、カブトムシ自身がタブノキに傷をつけている可能性もある。いずれにしても、タブノキの樹液はクヌギの樹液のように大量に噴き出すことは滅多になく、わずかに傷口から染み出す程度であり、比較的短期間で涸（か）れてしまうことも多い。

　また発酵もほとんど進んでいないようで、クヌギの樹液場周辺で感じられるような甘酸っぱい発酵臭も全くしない（そのため、我々研究者もタブノキの樹液場を見つけるのには大変苦労する）。発酵の進んでいない樹液はおそらく栄養価も高くないだろう。

島のカブトムシはタブノキ以外にも、シマトネリコやサルスベリ、アラカシなどのさまざまな樹種を利用しているが、いずれもやはりクヌギほど優れた餌植物とは言えない。それを裏付けるかのように、種子島、屋久島などでは、島の限られた場所にわずかに生えるクヌギの木（ほとんどが最近になって人の手で植えられたものである）に、夜になるとおびただしい数のカブトムシが集まってくる。島のカブトムシはそれほどまでに普段いい餌にありつけていないということだろう。

そのような環境下で予測される成虫の適応として、**高い飢餓耐性**（きがたいせい）が挙げられる。この予測のもと筆者らが研究を進めた結果、島のカブトムシは、羽化したときに本土のものに比べて約1・5倍もの量の脂肪を蓄えていることを発見した。

そもそも、本土のものも含め、羽化したカブトムシの体にはとても多くの脂肪が蓄えられている。解剖すると腹部付近に脂肪体という白色の大きな組織が確認できる。脂肪はおもにこの脂肪体に蓄えられている。本土のカブトムシでは、体の重さの約30％を、島のカブトムシではさらに多くの割合を脂肪が占めている。ちなみにカブトムシの体を構成するもう一つの主要な組織は飛翔筋（翅（はね）を動かすための筋肉）であり、こちらは全体重の約20〜25％を占

27. 餌の少ない環境で生きる島カブトムシの工夫

◎島の環境に適応
島のカブトムシは、本土のカブトムシよりも多くの脂肪を蓄えている。この脂肪のおかげで、餌が限られた島の環境でも長時間生き延びることができる。

めている。

▼餌が手に入らないからこそ

カブトムシは成虫の餌は、木の葉のように簡単に得られるものではない。餌場を見つけるには強運が必要なのだ。また、餌場を見つけられても、そこには同じように腹をすかせたライバルたちがひしめきあっている。そのため、カブトムシは、不幸にも餌にありつけなくてもしばらく生き延びられるような仕組みを進化させてきたのである。

実際に**カブトムシは全く餌を食べなくても脂肪体に蓄えられた脂肪やグリコーゲンなどを消費しながら長期間生き延びることができる**。筆者らの実験によると、本土のカブトムシですら、餌を全く与えず飼育しても1か月以上生存し、さらに、（餌場以外でどのようにしてオスとメスが出会うかという問題はあるが）交尾や産卵も可能であることが分かっている。また、羽化したときに多くの脂肪を持つ個体ほど、絶食条件での生存日数が長いこと、メスの場合は産卵数が多いことも分かった。島のカブトムシは、より多く脂肪を蓄えるおかげで、飢餓時においても本土のものよりもさらに長期間生き延び、多くの子を残すことができるのだ。

▼まだまだ謎の多い島のカブトムシ

このように島のカブトムシの生態にはいくつものユニークな点が見られ、とても興味深い研究対象である。島のカブトムシの研究はまだ始まったばかりであり、調査が進めばさらに不思議な生態が明らかになるだろう。しかし、島のカブトムシの研究は容易ではない。特に大きな障壁となるのが、いくつかの島における採集の困難さである。

たとえば沖縄諸島では、人里離れた原生林で細々と生活している。沖縄本島でカブトムシを見つけるために、やんばる（山原）と呼ばれる島の北部の広大な森林の中を地道に探し回らなければならない。困ったことに、沖縄や台湾のカブトムシは、屋久島以北ですさまじい威力を発揮するバナナトラップがほとんど通用しないのである。そのため、基本的には自然の中の餌場で採集するしか手がない。おもな食草であるシマトネリコそのものはあちこちに生えているが、カブトムシが集まるのはそのうちのほんの一部の木である。運よく〝ご神木〟（カブトムシが集まる木をコレクターはこのように呼ぶことが多い）を見つけることができれば多くの個体を得られるが、一晩中走り回って1匹も出会えないということも珍しくない。ご神木の場所は毎年変わることが多いのも厄介である。すぐ隣の台湾では大学のキャンパスのような人工的な環境に植栽されたシマトネリコに群がるのに、なぜ沖縄のカブトムシは原生林にしか住めないのだろうか？　沖縄のカブトムシの生態はまだ多くの謎に包まれている。

また、鹿児島県大隅諸島の口永良部島でも、カブトムシの採集は困難を極める。沖縄とは違い、集落付近にもカブトムシは生息しているようだが、２０１５年に大規模な噴火が起きた影響もあるのか、現在での生息数はかなり少なく、多くの個体を採集するのはほとんど不可能だ。これも、わずか10㎞ほどしか離れていない屋久島では極めて高密度で生息しているのとは対照的である。

他にも九州周辺にはアクセスすら容易でないような島も多数存在し、島のカブトムシの生態の全貌（ぜんぼう）が解明されるには、まだまだ長い時間がかかりそうである。

コラム⑤ カブトムシ発生のピークはいつ？

▼予測しづらいカブトムシの発生時期

カブトムシの野外調査で困るのは、成虫の発生時期が短いということである。本当に多いのはたいてい10日から2週間くらいの間で、その前後に行ってもほんのわずかしか見られないことが多い。そして、発生時期は場所によって大きく異なり、単純に緯度（いど）や気温から予測するのは困難である。筆者も遠方まで調査に出たものの発生時期を読み違え、痛い目を見たことがある。その中で印象深いエピソードを一つ紹介したい。

初めての屋久島調査の際、当時経験の浅かった筆者は、南方だから早く発生するだろうと、今になって思えば極めて安直な予測を立て、7月10日から5日間の予定で訪れた。関東地方の平地の多くの場所でカブトムシが急増し、まさに発生のピークを迎える時期である。

屋久島で調査を始めた初日から2～3匹のカブトムシを捕まえることができたが、期待していたほどの数が確保できずに少しがっかりしていた。この島ではカブトムシの密度が低いのかもしれないと思いながらも調査を続けているうちに、ある驚くべきことに気づいた。カブトムシの数が日を追うごとに、徐々に増えていったのである。

5日後の帰る日には一晩で10匹以上のカブトムシを捕まえることができた。つまり、7月10日というのは、屋久島ではまさに発生が始まったばかりのタイミングだったのだ。

たいていカブトムシは、発生が始まってから2週間後くらいからピークに差し掛かるはずである。しかし、東京での予定もあるので滞在をそこまで引き延ばすことはできない。文字通り後ろ髪を引かれる思いで、わずか約30匹のカブトムシを手にして島を後にした。

しかし、東京に戻ってから、このまま来シーズンまで待つことはできないと思い、急遽（きゅうきょ）鹿児島までの航空券を予約し、10日後の7月25日に再び島を訪れた。するとそこはカブトムシ天国と化していた。なんと二度目の来訪では、初日の晩だけで１００を超えるカブトムシを採集できたのだ。10日違うだけでこうも違うのかと衝撃を受けた。

その後、数度にわたり島を訪れた結果、この島では7月20日過ぎからの約2週間が発生のピークであることが分かった。つまり関東地方よりもかなり遅れて発生するのである。

▼カブトムシ発生のピークは7月上旬

この経験を教訓に、それ以来遠方への調査の計画を立てる際は、発生時期に関する情報を地元の人や過去の採集者から念入りに集めるようになった。これまでの筆者の経験や情報をもとに、日本や台湾におけるカブトムシの発生時期をまとめてみたい。

発生が最も早いのは、台湾の南部である。これは緯度から考えて納得であろう。台湾では比較的ピークの期間が長く（寿命が長い可能性がある）、5月中旬から1か月以上数の多い状態が維持される。続いて台湾の北部では6月15日ごろからピークに入る。

次は関東地方の平地である。関東の多くの場所ではゴールデンウィーク明けから発生が始まる。6月にかけて徐々に数を増やしてゆき、7月上旬から急激に個体数が増加。そして8月に入ると個体数は激減する（夏休みに入ると子どもの採集圧で個体数が減ると言う人もいるが、これは単に夏休みとカブトムシの発生が終息し始めるタイミングが一致するからだろう）。

おそらく近畿地方、中国地方、四国、九州の平野部でも関東と同じ時期にピークを迎える可能性が高いが、それらの地域ではカブトムシの密度がそもそも高い場所が少なく、判断が難しい。九州周辺の島（福江島、屋久島、対馬）、さらに沖縄本島では、関東での発生ピークが終盤を迎える7月下旬ごろにようやく本格的な発生が始まる。東

◎日本周辺のカブトムシ発生のピーク

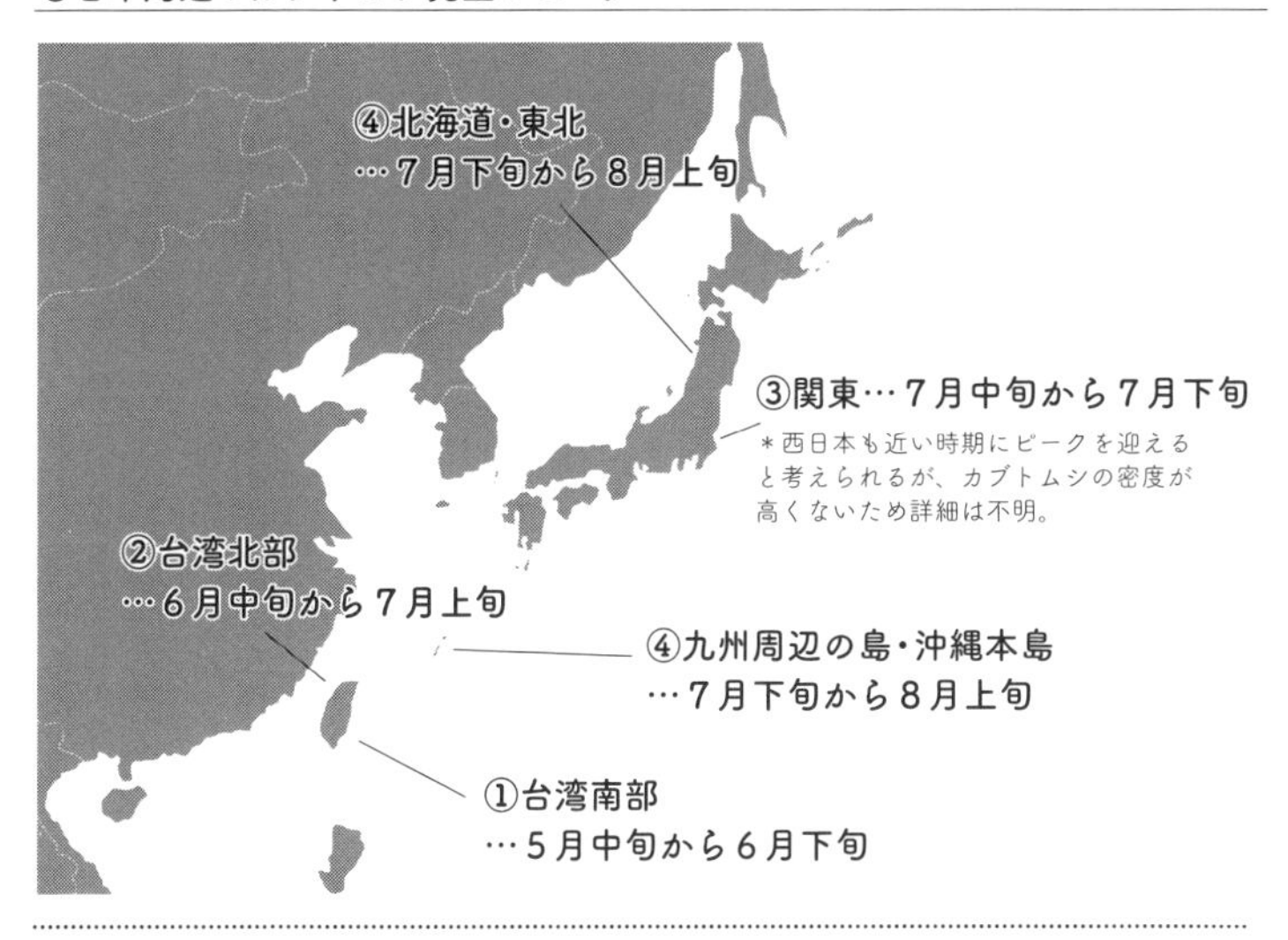

北地方をはじめとする北日本や北海道の多くの場所でもこのころから数が増え始めるようである。

このように、緯度や気温だけで発生時期を判断するのは困難である。また、年によって、あるいは地理的に近い場所の間でも発生時期が違うことがあるので、さらに厄介である。何がその土地での発生時期を決めているのかは大変興味深く、今後の研究課題である。

エピローグ――カブトムシ研究の今後――

カブトムシと聞いて多くの人がイメージするのは、長い角を持ったオスの成虫の姿ではないだろうか。しかし、我々がよく知っているカブトムシは、彼らの1年という長い一生のうちのほんの数週間の姿に過ぎない。カブトムシという昆虫の生きざまを本当に理解するためには、土の中で11か月間どのように過ごしているのかを含めて知る必要がある。

確かに成虫はそのユニークな形態や行動から、どうしてもスポットライトを浴びがちであり、実際に研究対象としても非常に興味深い。しかし、土の中でひっそり暮らしているように見える幼虫たちもよく調べてみると、複雑な情報のやり取りを行っていたり、とても面白い成長パターンを示したりする。

本書では、幼虫や蛹（さなぎ）もまた、成虫と同じように魅力的なステージであるということを知ってもらうため、幼虫や蛹の生態に関する話題をふんだんに盛り込んだ。成虫の説明はややウエイトが少なくなってしまったが、それについては222ページで紹介したように優れた解説書がいくつかあるので、詳細はそれらを参照してほしい。本書をきっかけに、幼虫や蛹の生態にも注目してくれる人が増えれば幸いである。

本書で特に伝えたかった点はもう一つある。それは、カブトムシがいかに人間の生活に依存し、我々にとって身近な存在であるかということだ。

自然環境の破壊によりカブトムシは減っている——このような文言をいたるところで目にする。確かに、カブトムシの重要な生息環境の一つである里山の衰退は著しく、それに伴いミゾゴイやゲンゴロウなど多くの動物が絶滅の危機に瀕している。しかし、カブトムシは本当に減っているのだろうか？　筆者はカブトムシの研究を始めてまだ10年に満たないため、その真偽を検証することができない。しかし、カブトムシに限らず多くの生き物は〝黙して語らない〟ものであり、いると思ってしかるべき方法で探さないと見つからないものだ。「昔はいたけれど……」というフレーズを明確な根拠がないまま多用すると、実際にいるものですら見えなくなってしまうのではないかという危機感がある。

筆者もカブトムシの研究を始めるまで、カブトムシは里山の昆虫だというイメージがあったが、研究を初めてしばらく経つと、それは〝思い込み〟であることを痛感するようになる。明治神宮や新宿御苑（ぎょえん）のような大規模な緑地は言うまでもなく（いずれも昆虫採集禁止）、もっと小さな都市緑地にも、ときにおびただしい数のカブトムシが生息していることに気づいたのだ。

また、カブトムシの研究を通し、都市近郊の緑地には想像していた以上にずっと多くの生き物が生活していることにも気づくようになった。たとえばカブトムシの捕食者として紹介したタヌキも、アニメなどの影響で自然豊かな里山の生き物というイメージがあるかもしれないが、実際には都会の中でもたくましく生活できる動物であり、東京23区内は文字通り〝タヌキだらけ〟である（推定生息数500～1000頭：http://tokyotanuki.jp/index.htm）。皆さんも身近な自然にいま一度目を向けてみてほしい。生き物たちが織り成す楽しい世界が広がっていることに気づくはずだ。

カブトムシの研究者はここ5年ほどの間に少しずつ増えつつあるが、まだまだ研究者は少なく、分かっていないことばかりである。〝研究〟と聞くと、ハードルが高そうな響きがあり、しり込みしてしまう人もいるかもしれない。しかし、実際にはそうではなく、アイデア次第で意外と気軽に行えるものである。本書で紹介した実験にも、高価な分析機器などなくとも、百均にあるような材料で簡単にできるものが含まれている。我こそは！　という読者の方は、ぜひ未知の現象を見つけて、自由な発想で検証してみてほしい。カブトムシは、誰もが第一発見者になれるチャンスを秘めた素晴らしい研究材料なのである。

本書で紹介した研究は、多くの共同研究者の協力なくしては行えなかったものである。音響生物学の専門家である森林総合研究所の高梨琢磨さんには、振動に関する実験だけでなく、研究のあらゆる面においてサポートをいただいた。東京大学の星崎杉彦さんには、幼虫の成長という新しい切り口からカブトムシの面白さを教えていただき、また、本書の執筆においてもさまざまなアドバイスをいただいた。本書で紹介した緯度による成長速度の勾配（こうばい）は、福田歩実さん、仲倉達則さんをはじめとした山口大学理学部・動物生態学研究室の学生たちが多数の幼虫の成長軌跡（きせき）を追うことで明らかになったものである。同じく学生の洲濱志帆さんは島のカブトムシが長寿であることを明らかにした。大庭伸也さん、川内愛佳さん、徳田誠さん、槇原寛さんにはさまざまな地域のカブトムシのサンプルを提供していただいた。石川幸男先生、岡田泰和さん、嶋田正和先生、杉浦真治さん、中野亮さん、藤井毅さんには、研究に関する多くのアドバイスをいただいた。荒谷邦雄先生、工藤愛弓さんには、本の執筆につき親身なコメントをいただいた。じゅえき太郎さんにはとても味のある素晴らしいイラストを描いていただいた。最後に、彩図社の名畑諒平さんには本の執筆という貴重な機会を与えていただいた。これらの方々に深く感謝申し上げる。

参考文献一覧

プロローグ

(1) Siva-Jothy M (1987) Mate securing tactics and the cost of fighting in the Japanese horned beetle, *Allomyrina dichotoma* L. (Scarabaeidae). *Journal of Ethology* 5: 165–172.

(2) McCullough E (2013) Using radio telemetry to assess Movement Patterns in a giant rhinoceros beetle: are there differences among majors, minors, and females? *Journal of Insect Behavior* 26: 51–56.

(3) Kojima W, T Takanashi, Y Ishikawa (2012) Vibratory communication in the soil: pupal signals deter larval intrusion in a group-living beetle *Trypoxylus dichotoma*. *Behavioral Ecology and Sociobiology* 66: 171–179.

第1章

(1) Ahrens D, Schwarzer J, Vogler AP (2014) The evolution of scarab beetles tracks the sequential rise of angiosperms and mammals. *Proceedings of the Royal Society B: Biological Sciences* 281: 20141470.

(2) Kostromytska OS, Buss EA (2011) Tomarus subtropicus (Coleoptera: Scarabaeidae) larval feeding habits. *Florida Entomologist* 94: 164–172.

(3) 矢島稔 (2005) 樹液をめぐる昆虫たち . 偕成社

(4) Saito Y, Tsuda Y, Uchiyama K, Fukuda T, Seto Y, Kim PG, Shen HL, Ide Y (2017) Genetic variation in *Quercus acutissima* Carruth., in traditional Japanese rural forests and agricultural landscapes, revealed by chloroplast microsatellite markers. *Forests* 8: 451.

(5) 山口進 (2013) カブトムシ　山に帰る . 汐分社

(6) 市川俊英, 上田恭一郎 (2010) ボクトウガ幼虫による樹液依存性節足動物の捕食－予備的観察, 香川大学農学部学術報告 62: 39–58.

(7) Hongo Y, Kaneda H (2009) Field observation of predation by the Ural owl *Strix uralensis* on the Japanese horned beetle *Trypoxylus dichotomus septentrionalis*. *Journal of the Yamashina Institute for Ornithology* 40: 90–95.

(8) Kojima W, S Sugiura, H Makihara, Y Ishikawa, T Takanashi (2014) Rhinoceros beetles suffer male-biased predation by mammalian and avian predators. *Zoological Science* 31: 109–115.

コラム1

(1) 鈴木知之 (2011) カナブンの幼虫はクズ群落にいた！ 月刊むし 488: 34–37.

第2章
(1) Hongo Y (2007) Evolution of male dimorphic allometry in a population of the Japanese horned beetle *Trypoxylus dichotomus septentrionalis*. *Behavioral Ecology and Sociobiology* 62: 245–253.

(2) Emlen DJ (1996) Artificial selection on horn length - body size allometry in the horned beetle *Onthophagus acuminatus* (Coleoptera: Scarabaeidae). *Evolution* 50: 1219–1230.

(3) Moczek AP (2003) The behavioral ecology of threshold evolution in a polyphenic beetle. *Behavioral Ecology* 14: 841–854.

(4) Gotoh H, Fukaya K, Miura T (2012) Heritability of male mandible length in the stag beetle Cyclommatus metallifer. *Entomological Science* 15: 430–433.

(5) McCullough EL Tobalske BW Emlen DJ (2014) Structural adaptations to diverse fighting styles in sexually selected weapons. Proceedings of the National Academy of Sciences 111: 14484–14488.

(6) Hongo Y (2003) Appraising behaviour during male-male interaction in the Japanese horned beetle *Trypoxylus dichotomus septentrionalis* (Kono). *Behaviour* 140: 501–517.

(7) McCullough EL, Zinna RA (2013) Sensilla density corresponds to the regions of the horn most frequently used during combat in the giant rhinoceros beetle *Trypoxylus dichotomus* (Coleoptera: Scarabaeidae: Dynastinae). *Annals of the Entomological Society of America* 106: 518–523.

(8) 本郷儀人 (2012) カブトムシとクワガタの最新科学 . メディアファクトリー

(9) Karino K, Niiyama H, Chiba M (2005) Horn length is the determining factor in the outcomes of escalated fights among male Japanese horned beetles, *Allomyrina dichotoma* L.(Coleoptera: Scarabaeidae). *Journal of Insect Behavior* 18: 805–815.

(10) McCullough EL, Emlen DJ (2013) Evaluating the costs of a sexually selected weapon: big horns at a small price. *Animal Behaviour* 86: 977–985.

(11) Emlen DJ (2001) Costs and the diversification of exaggerated animal structures. *Science* 291: 1534–1536.

(12) Madewell R, Moczek AP (2006) Horn possession reduces maneuverability in the horn-polyphenic beetle, *Onthophagus nigriventris*. *Journal*

of Insect Science 6: 21.

(13) Goyens J, Dirckx J, Aerts P (2015) Costly sexual dimorphism in Cyclommatus metallifer stag beetles. *Functional Ecology* 29: 35–43.

(14) Hongo Y (2010) Does flight ability differ among male morphs of the Japanese horned beetle *Trypoxylus dichotomus septentrionalis* (Coleoptera Scarabaeidae)? *Ethology Ecology & Evolution* 22: 271–279.

(15) Setsuda K, Tsuchida K, Watanabe H, Kakei Y, Yamada Y (1999) Size dependent predatory pressure in the Japanese horned beetle, *Allomyrina dichotoma* L. (Coleoptera; Scarabaeidae). *Journal of Ethology* 17: 73–77.

コラム2
(1) ダグラス J エムレン (2015) 動物たちの武器. エクスナレッジ

第3章
(1) Kojima W (2015) Variation in body size in the giant rhinoceros beetle *Trypoxylus dichotomus* is mediated by maternal effects on egg size. *Ecological Entomology* 40: 420–427.

(2) 星崎杉彦 私信 (2019)

(3) Kojima W (2019) Greater degree of body size plasticity in males than females of the rhinoceros beetle *Trypoxylus dichotomus. Applied Entomology and Zoology* (in press)

(4) Plaistow SJ, Tsuchida K, Tsubaki Y, Setsuda K (2005) The effect of a seasonal time constraint on development time, body size, condition, and morph determination in the horned beetle *Allomyrina dichotoma* L. (Coleoptera: Scarabaeidae). *Ecological Entomology* 30: 692–699.

(5) Karino K, Natsuki S, Chiba M (2004) Larval nutritional environment determines adult size in Japanese horned beetles *Allomyrina dichotoma. Ecological Research* 19: 663–668.

第4章
(1) Kojima W, Y Ishikawa, T Takanashi (2014) Chemically-mediated group formation in soil-dwelling larvae and pupae of the beetle *Trypoxylus dichotomus. Naturwissenschaften* 101: 687–695.

(2) Eilers EJ, Talarico G, Hansson B, Hilker M, Reinecke A (2012) Sensing the underground–ultrastructure and function of sensory organs in root-feeding *Melolontha melolontha* (Coleoptera: Scarabaeinae) larvae. *PLOS ONE* 7: e41357.

(3) Kojima W (2015) Attraction to carbon dioxide from feeding resources and conspecific neighbours in larvae of the rhinoceros beetle *Trypoxylus dichotomus*. *PLOS ONE* 10: e0141733.

(4) Kojima W (2015) Mechanism of synchronous metamorphosis: larvae of a rhinoceros beetle alter the timing of pupation depending on maturity of neighbours. *Behavioral Ecology and Sociobiology* 69: 415–424.

(5) Kojima W, Y Ishikawa, T Takanashi (2012) Deceptive vibratory communication: pupae of a beetle exploit the freeze response of larvae to protect themselves. *Biology Letters* 8: 517–520.

(6) Kojima W, Y Ishikawa, T Takanashi (2012) Pupal vibratory signals of a group-living beetle that deter larvae: are they mimics of predator cues? *Communicative and Integrative Biology* 5: 262–264.

コラム5
(1) Barbero F, Thomas JA, Bonelli S, Balletto E, Schönrogge K (2009) Queen ants make distinctive sounds that are mimicked by a butterfly social parasite. *Science* 323: 782–785.

第5章
(1) Adachi N (2017) A new subspecies of *Trypoxylus dichotomus* (Linnaeus, 1771) (Coleoptera, Scarabaeidae, Dynastinae) from Yakushima Island and Tanegashima Island, Kagoshima Prefecture, Japan. *Kogane* 20: 11–16.

(2) 岡島秀治, 荒谷邦雄 (2012) 日本産コガネムシ上科標準図鑑. 学研教育出版

(3) Brown P, Sutikna T, Morwood MJ, Soejono RP, Saptomo EW, Due RA (2004) A new small-bodied hominin from the Late Pleistocene of Flores, Indonesia. *Nature* 431: 1055–1061.

＊帯文黄色丸記載の情報は、左から210ページ、205ページ、84ページ、50ページを参照。

カブトムシを深く知るためのオススメ図書

『**カブトムシと進化論─博物学の復権**』河野和男著、新思索社（2004）
カブトムシなどの甲虫の武器の進化について解説されている。やや専門的な内容も含むが、平易な言葉で分かりやすく説明されているので、甲虫や武器だけでなく進化理論に興味がある人にもすすめたい。

『**カブトムシ・クワガタムシ（小学館の図鑑NEO）**』新開孝写真、筒井学写真、小池啓一監修、小学館（2006）
タイトルは、「カブトムシ・クワガタムシ」だが、実際には世界のコガネムシ上科のあらゆる種が網羅されている。貴重な生態写真も数多く掲載されており、子ども向けの図鑑とは思えない充実ぶりである。ちなみに、台湾の昆虫コレクターの多くの間でもこの図鑑はバイブルとなっていた。

『**写真絵本 カブトムシがいきる森（小学館の図鑑NEOの科学絵本）**』筒井学著、小学館（2009）
生き生きとした素晴らしい写真により、カブトムシの一生や彼らが生活する環境が紹介されている。ほとんどのカブトムシの写真が自然条件下で撮影されており、筆者のこだわりを感じることができる。

『カブトムシとクワガタの最新科学』本郷儀人著、メディアファクトリー（2012）
カブトムシの成虫を野外で研究する本郷博士による著作。自身の研究成果のみならず研究のプロセスについても書かれており、フィールドワークの苦労とともに楽しさが伝わってくる。カブトムシに興味がある人はもちろん、野生動物の研究を志す若い人にもすすめたい。

『カブトムシ 山に帰る』山口進著、汐分社（2013）
カブトムシと人の関りに焦点を当てた優れた自然入門書。特に、樹液の出る木がどのようにしてできるかについての考察は大変興味深く、強い説得力がある。カブトムシの訪れる樹液場を見つける上でも本書の知識は大いに参考になる。

『動物たちの武器』ダグラス・J・エムレン著、エクスナレッジ（2015）
甲虫の武器の進化研究の草分け的存在ともいえるダグラス・エムレン博士による、動物の武器の進化についての総説。自身が精力的に研究していたエンマコガネの研究はもちろん、他のさまざまな動物の持つ武器について、美しいイラストとともに紹介されている。動物の武器と対比させ人の武器についても詳しく解説されており、軍事史に興味がある人には特にすすめたい。

著者紹介
小島渉（こじま・わたる）
1985年生まれ。博士(農学)。山口大学大学院創成科学研究科助教。2013年、東京大学大学院農学生命科学研究科博士課程を修了。日本学術振興会特別研究員、日本学術振興会海外特別研究員を経て、2017年より現職。カブトムシの行動や生態に関する研究を行っている。著書に『わたしのカブトムシ研究』（さえら書房)、『カブトムシの音がきこえる 土の中の11か月』（福音館書店）がある。趣味はガザミ採り、魚釣り、バードウォッチング、昆虫採集。

校正協力
荒谷邦雄氏（九州大学大学院地球社会統合科学府 教授）
星崎杉彦氏（東京大学大学院農学生命科学研究科 助教）

不思議だらけ カブトムシ図鑑

2019年7月8日　第1刷

著　者　　小島渉

発行人　　山田有司

発行所　　株式会社　彩図社
東京都豊島区南大塚3-24-4
MTビル　〒170-0005
TEL：03-5985-8213　FAX：03-5985-8224

印刷所　　シナノ印刷株式会社

URL http://www.saiz.co.jp　Twitter https://twitter.com/saiz_sha

ISBN978-4-8013-0381-2 C0045
落丁・乱丁本は小社宛にお送りください。送料小社負担にて、お取り替えいたします。
定価はカバーに表示してあります。